Werkstattbuch für Metallberufe

in einfacher Sprache

Ulrich Karthäuser

Handwerk und Technik · Hamburg

Vorwort

Dies ist ein Fachbuch in einfacher Sprache.
In diesem Buch werden Werkzeuge in einer Metallwerkstatt beschrieben.
Es geht vor allem um Werkzeuge aus der Grundausbildung Metall.
Auch in einfachen Werkzeugen versteckt sich viel Wissen.
Durch die Beschreibung von den Werkzeugen werden Fachbegriffe für den Theorieunterricht verständlich.
Die Fachbegriffe werden so für den Theorieunterricht geübt.
Theorieunterricht und Praxis werden verbunden.

Einheiten werden nach den Regeln im Tabellenbuch abgekürzt.
Die Einheiten stehen auch im Buch „Technische Grundbegriffe für Metallberufe“ (Bestell-Nr.: 31974).
Alle anderen Abkürzungen werden direkt im Text erklärt.

Manchmal ist eine Information interessant, aber für das Verstehen nicht wichtig.
Dafür gibt es Fußnoten. Das sind kleine Texte am unteren Rand der Seite.
Fußnoten haben eine kleine Nummer[1]. Die Nummer steht hinter einem Wort oder Satz im Text. Sie steht außerdem vor den kleinen Texten am unteren Rand der Seite.

Viel Freude beim Lesen wünscht: Ulrich Karthäuser

1 Mit den kleinen Nummern kann man die richtige Fußnote finden.

Inhaltsverzeichnis

Die Metallwerkstatt

1 Sicherheit

1: In der Metallwerkstatt müssen Sicherheitsvorschriften beachtet werden.

Zu jeder Arbeit gehört die Frage: Ist das so sicher?

Vor jeder Arbeit soll über Gefahren für einen selbst und für andere Menschen nachgedacht werden.
In der Metallwerkstatt müssen zum sicheren Arbeiten besondere Pflichten berücksichtigt werden.

In der Metallwerkstatt muss die richtige Kleidung getragen werden.
Eine weitere wichtige Pflicht ist das Tragen von Sicherheitsschuhen und Schutzbrille.
Es gibt Bereiche, in denen diese Pflicht nicht gilt. Diese Bereiche sind extra markiert.

2: In der Metallwerkstatt müssen Sicherheitsschuhe getragen werden.

Typische **Sicherheitsschuhe** für die Metallwerkstatt sind der S1-Schuh und der S3-Schuh. S2-Schuhe sind gut für draußen geeignet. In der Werkstatt sind sie nicht üblich.

S1-Schuhe, S2-Schuhe und S3-Schuhe haben eine Schutzkappe. Die Schutzkappe schützt vor herabfallenden Gegenständen.
Die Sohle von den Sicherheitsschuhen verträgt Öl und Benzin.
S3-Schuhe sind von unten extra geschützt. Nägel oder spitze Späne können die Sohle von S3-Schuhen deshalb nicht durchstechen.

Sicherheitsschuhe müssen gut passen, damit gut gearbeitet werden kann. Bei einem zu weiten Schuh fehlt dem Fuß Halt. Bei einem zu engen Schuh ist der Druck auf den Fuß zu groß.
Schlecht sitzende Schuhe können krank machen.

3: In der Metallwerkstatt muss bei bestimmten Arbeiten eine Schutzbrille getragen werden.

Die **Schutzbrille** muss passend zu den Aufgaben sein.
Die Schutzbrille muss die Augen möglichst weit umschließen.
Die Schutzbrille sollte vor Spänen schützen, die aus den Haaren oder von der Stirn fallen können.
Für Arbeiten mit Schweißgeräten, Plasmaschneidern und Brennern gibt es spezielle Schutzbrillen.
Es gibt Schutzbrillen, die zusammen mit einer normalen Brille getragen werden können.
Es gibt auch Schutzbrillen mit Sehstärken. Solche Brillen sind also normale Brille und Schutzbrille in einem.

In manchen Betrieben muss immer eine Schutzbrille getragen werden.
Beim Bohren muss eine Schutzbrille getragen werden.
Beim Arbeiten mit allen Schleifmaschinen muss eine Schutzbrille getragen werden.
Beim Drehen und Fräsen muss eine Schutzbrille getragen werden.
Beim Entfernen von Spänen mit Druckluft muss eine Schutzbrille getragen werden.

In der Werkstatt muss eng anliegende **Kleidung** getragen werden.
Eng anliegende Kleidung gerät nicht in Maschinen.
Die Kleidung darf außerdem nicht leicht brennbar sein.
Die Kleidung darf auch nicht schmelzbar sein. Geschmolzene Stoffe verkleben mit der Haut.
Die Kleidung soll aus Naturfasern wie Baumwolle und Wolle sein.
Baumwolle und Wolle sind nicht leicht brennbar. Baumwolle und Wolle schmelzen auch nicht.

Kleidung aus Kunstfasern wie Polyacryl und Polyester ist nicht sicher. Polyacryl und Polyester sind thermoplastische Kunststoffe. Thermoplastische Kunststoffe heißen auch Thermoplaste. Thermoplaste sind schmelzbare Kunststoffe.

Naturfasern sind also sicherer als Kunstfasern.

Im Bereich der Werkbank sind **Lebensmittel** nicht erlaubt. In die Lebensmittel können Späne und Öl gelangen. Das ist ungesund.

In manchen Werkstätten sind aber **Getränke** nahe der Werkbank erlaubt. Getränke in der Werkstatt sollten immer zugedeckt sein.

2 Ausstattung

2.1 Die Werkbank

Zur Metallwerkstatt gehören **Werkbänke** (Bild 4).

4: Fahrbare Werkbank

Werkbänke haben meist eine Arbeitsplatte aus Hartholz auf einem Metallgestell. Die Arbeitsplatte ist oft aus Buchenholz. Werkbänke haben oft auch Schränke oder Schubladen.
Die Werkbank ist der wichtigste Arbeitsplatz in der Werkstatt. Die Werkbank sollte übersichtlich und aufgeräumt sein.
Häufig gebrauchtes Werkzeug kann bei der Arbeit auf der Werkbank liegen.
Prüfmittel sollten einen eigenen Platz auf der Werkbank bekommen. Prüfmittel sind zum Beispiel Messschieber und Winkel. Prüfmittel liegen am besten auf einer weichen Unterlage in einem Bereich ohne Späne.

Manchmal stehen sich Werkbänke gegenüber.
Zwischen diesen Werkbänken sollte eine Scheibe aus schützendem Kunststoff sein.[2] Denn: Bei vielen Arbeiten in der Metallwerkstatt können Splitter entstehen.
Polycarbonat (PC) ist sehr splitterfest und transparent.
Polyterephtalat-G (PET-G) ist auch geeignet.
Wenn keine Scheibe zwischen den Werkbänken steht, muss bei Splittergefahr an geeigneten Plätzen gearbeitet werden.

2.2 Werkbankschraubstock (Parallelschraubstock)

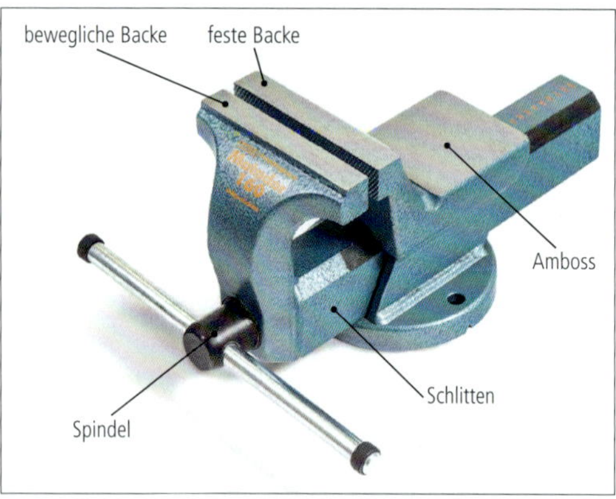

5: Werkbankschraubstock (Parallelschraubstock)

2 Ein praktischer Nebeneffekt: Mit Wäscheklammern lassen sich größere Zeichnungen gut an der Scheibe befestigen.

Zu der Werkbank in der Metallwerkstatt gehört ein **Werkbankschraubstock** (Bild 5). Der Werkbankschraubstock ist ein Parallelschraubstock. Sein Aufbau geht auf Ideen aus den Jahren um 1750 in England zurück.

Der Werkbankschraubstock hält Werkstücke beim Bearbeiten. Die Werkstücke werden dazu zwischen zwei Backen gespannt. Eine Backe ist beweglich. Eine Backe ist fest. Bei den meisten Werkbankschraubstöcken ist die vordere Backe beweglich.

Die bewegliche Backe wird auf einem Schlitten auf einer geraden Führung bewegt.
Ein Schlitten ist eine bewegliche gleitende Fläche.
Eine gerade Führung heißt Linearführung.
Die bewegliche Backe bewegt sich also in gerader Linie auf die feste Backe zu. Die Backen stehen deshalb immer gleich zueinander.
Auch ein weit geöffneter Schraubstock hat parallele Backen[3]. Deswegen ist der Werkbankschraubstock ein Parallelschraubstock.

Die Bewegung von der beweglichen Backe erfolgt mit einer Spindel.
Eine Spindel ist ein Gewinde.
Meist ist die Spindel ein Trapezgewinde.[4] Trapezgewinde werden häufig für Bewegungen verwendet. Sie verkanten nicht und sind sehr stabil.

Auf dem Schraubstock ist meist eine rechteckige Fläche. Diese Fläche ist ein Amboss. Auf dem Amboss können Werkstücke mit dem Hammer bearbeitet werden.

Bei vielen Schraubstöcken sind die Backen auswechselbar.
Viele Backen lassen sich umdrehen. Sie haben eine glatte und eine geriffelte Seite zur Auswahl.
Oft haben Schraubstöcke unter den Backen Rohrspannbacken für runde Werkstücke.

---

3 Parallel sind Linien oder Flächen, wenn sie die genau gleiche Richtung haben. Der Abstand zwischen ihnen ist dann überall gleich.

4 Das Trapezgewinde im Schraubstock ist meist zweigängig, um die passende Steigung und Festigkeit zu erreichen.

Häufig stehen zwei gleiche Schraubstöcke nebeneinander. Damit können auch sehr lange Werkstücke sicher eingespannt werden.

Ein guter Schraubstock ist aus Stahl geschmiedet.
Ein Schraubstock aus Gusseisen kann brechen und ist ungeeignet.

2.2.1 Wichtiges Zubehör für den Werkbankschraubstock

Höhenverstellung

Die Höhenverstellung ist eine Säule unter dem Werkbankschraubstock. Mit der Säule kann seine Höhe eingestellt werden. Mit der Höhenverstellung ist der Schraubstock auch drehbar.

Die Höhenverstellung ist besonders beim Feilen wichtig.
Beim Feilen sollen sich der Unterarm und die Hand gerade bewegen. Nur so werden die gefeilten Flächen gerade.
Mit der Höhenverstellung kann das Werkstück für jede Körpergröße passend eingestellt werden.

Schonbacken

6: Schonbacken mit Fräsung für Rundmaterial

Ein Schraubstock mit geriffelten Backen hinterlässt auf Werkstücken oft Spuren. Solche Spuren lassen sich mit **Schonbacken** (Bild 6) vermeiden.

Am häufigsten sind Schonbacken aus Aluminium. Sie lassen sich gut aus einem Aluminium-L-Profil sägen.

L-Profile sind rechtwinklige Profile. Ihre Maße stehen im Tabellenbuch. Ein geeignetes Maß zum Herstellen von Schonbacken ist zum Beispiel 40 mm x 30 mm x 2 mm.

L-Profile aus kalt gezogenem Stahl ergeben sehr gute Schonbacken für das Schneiden von Blech mit dem Meißel (Kapitel 2.2, Seite 38 und 39). Für das Biegen von Blechen kann die Kante von Schonbacken mit einem Radius versehen werden.

L-Profile aus Kunststoffen ergeben Schonbacken für sehr empfindliche Werkstücke.

Für ganz empfindliche Teile können Schonbacken auch mit Leder oder Filz beklebt werden.

Backen aus PE oder PP eignen sich, wenn Teile im Schraubstock geklebt werden.[5] Der Kleber lässt sich von den Backen gut entfernen.

2.2.2 Wartung Werkbankschraubstock

Tägliche Reinigung
Der Schraubstock wird zunächst mit dem Handfeger entstaubt.
Danach wird der Schraubstock mit dem Lappen weiter gesäubert. Der Lappen kann dazu auch etwas eingeölt sein.
Die Führungsschienen werden leicht geölt.

Achtung! Zum Reinigen keine Druckluft verwenden! Druckluft wirbelt Staub und Späne auf. Staub und Späne geraten so in den Schraubstock. Durch Druckluft können Späne auf die Spindel geraten. Späne auf der Spindel sind schlecht. Späne auf der Spindel klemmen und beschädigen die Spindel.

Wartung bei starker Verschmutzung oder schwerer Beweglichkeit
Bei starker Verschmutzung oder schwerer Beweglichkeit muss der Schraubstock zum Reinigen auseinandergenommen werden. Dazu wird

5 PE (Polyethylen) und PP (Polypropylen) sind unpolare Kunststoffe. Unpolare Kunststoffe lassen sich nicht kleben.

die bewegliche Backe zusammen mit dem Schlitten und der Spindel von der festen Backe entfernt.

Der Schraubstock muss vor dem Auseinandernehmen genau angesehen werden.

Bei vielen Schraubstöcken ist die Linearführung einstellbar. Bei solchen Schraubstöcken müssen die Einstellschrauben von der Führungsschiene vor dem Auseinanderbauen gelöst werden.
Deshalb muss man wissen, wo sich die Einstellschrauben von den Führungsschienen befinden.

Bei manchen Schraubstöcken muss der Schraubstock erst am Fuß auf einer Seite gelöst werden. Danach werden die Einstellschrauben für die Führungsschiene eingestellt.

Bei manchen Schraubstöcken sind die Einstellschrauben gesperrt. Die Schrauben werden erst beweglich, wenn ein Schraubendreher für Schrauben mit Innensechskant sehr tief hinein gedrückt wird und eine Sperre löst.

Manche Schraubstöcke werden unter der Spindel an der Spindelmutter eingestellt.

Nach dem Auseinandernehmen wird der Schraubstock gereinigt. Dabei werden die Führungsbahnen mit Gleitbahnöl, zum Beispiel CGLP58, eingeölt. Die Spindel wird mit Fett, zum Beispiel KP2N-20, eingefettet.

Nach dem Reinigen wird der Schraubstock wieder montiert.

Nach der Montage wird noch die Linearführung eingestellt.
Der bewegliche Teil soll gut beweglich sein, aber nicht wackeln.

2.3 Weitere Schraubstöcke

2.3.1 Bohrmaschinenschraubstock

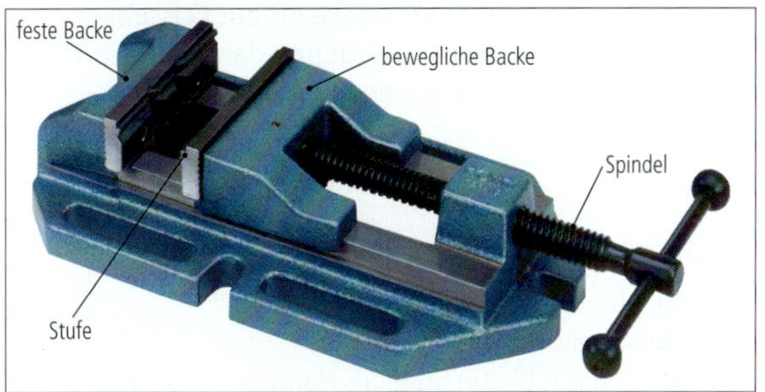

7: Bohrmaschinenschraubstock

Zu Tischbohrmaschinen und Ständerbohrmaschinen gehören **Bohrmaschinenschraubstöcke** (Bild 7). Das sind einfache und sehr flache Schraubstöcke. Sie können auf der Aufspannplatte der Bohrmaschine befestigt werden.
Bohrmaschinenschraubstöcke halten Teile beim Bohren. Sie haben meist Backen mit einer kleinen Stufe.
Es ist wichtig, die Backen beim Bohren nicht zu treffen. Manchmal wird aber die Stufe getroffen. Dadurch kann die Backe ungleichmäßig werden. Dann lassen sich Werkstücke nicht mehr gerade einspannen.
Unterlagen aus kalt gezogenem Stahl sind ein gutes Zubehör. Sie können statt Stufen das Werkstück tragen.

2.3.2 Rohrschraubstock

8: Rohrschraubstock

Der **Rohrschraubstock** (Bild 8) hält Rohre mit einer Kette oder mit einem Klappbügel und einer Schraube.
Die benötigten Kräfte zum Halten sind geringer als bei anderen Schraubstöcken. Deshalb sind Rohrschraubstöcke oft aus Gusseisen.
Die Rohre werden von oben in ein Prisma gelegt und dann eingespannt.
Ein Prisma ist ein Hilfsmittel zum Festspannen von Werkstücken.

3 Handwerkzeug

3.1 Handwerkzeug zum Hämmern

Hämmer gibt es länger, als es Menschen gibt!
Auch Tiere benutzen Steine als Hämmer.
Seeotter knacken Muscheln mit einem Stein als Hammer und einem Stein als Amboss.
Der Hammer mit Stiel kommt aber wohl nur bei Menschen vor.
Hämmer für Arbeiten mit der Hand bestehen aus Kopf und Stiel.
Der Kopf dient als Masse. Je größer die Masse, desto mehr Energie hat der Hammerschlag.
Der Stiel ermöglicht eine höhere Geschwindigkeit.
Je länger der Stiel, desto höher ist die mögliche Geschwindigkeit.
Je höher die Geschwindigkeit, desto höher die Energie.
Ein langer Stiel wirkt aber als Hebel auf die Hand und braucht mehr Kraft.
Der Stiel dient auch als Griff.
Der Stiel dämpft den Rückschlag auf die Hand.
Hier werden als Beispiele Schlosserhammer und Latthammer betrachtet.
Schlosserhammer und Latthammer sind Hämmer nach DIN.
Der Schlosserhammer ist der häufigste Hammer in der Werkstatt.
Der Latthammer ist der häufigste Hammer auf der Baustelle.

3.1.1 Der Schlosserhammer

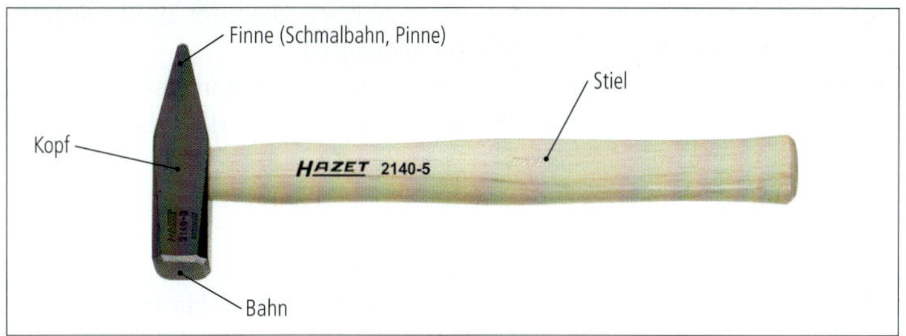

9: Schlosserhammer

Der Kopf vom **Schlosserhammer** (Bild 9) besteht aus einem festen Stahl. Seine Masse in Gramm ist als Zahl eingraviert.
Der Kopf vom Schlosserhammer wird im Gesenk geschmiedet. Ein Gesenk ist eine feste Form.
Der Kopf vom Schlosserhammer hat zwei Arbeitsflächen.

Die flache Seite heißt **Bahn**.
Mit der Bahn werden andere Werkzeuge geschlagen.
Mit der Bahn werden auch Nägel und Stifte eingeschlagen.
Mit der Bahn wird außerdem Blech bearbeitet.
Die Schlagfläche von der Bahn ist leicht gerundet. Durch die leichte Rundung trifft keine Kante auf die Fläche, die bearbeitet wird.
Die Bahn vom Schlosserhammer endet nicht scharfkantig. Die Bahn endet mit einer Fase. Eine Fase ist eine Abschrägung. Die Fase am Hammer ist 2 mm tief.
Hat die Fase Risse oder starke Verformungen, ist der Hammer nicht mehr sicher und muss ersetzt werden.

Die keilförmige Seite heißt **Finne**, Schmalbahn oder Pinne. Im weiteren Text steht Finne.
Mit der Finne kann Material bearbeitet werden. Die Finne hinterlässt dabei typische Abdrücke.

Die Bahn und Finne sind mindestens 3 mm tief gehärtet. Gehärteter Stahl kann splittern.

Mit dem Schlosserhammer dürfen deshalb keine anderen sehr harten Stähle geschlagen werden. Die Gefahr ist zu hoch, dass der Stahl splittert. Ein Maß für Härte ist HRC (Härte nach Rockwell C).
Stähle, die härter als 46 HRC sind, dürfen nicht geschlagen werden.
Sehr harte Stähle werden deshalb mit Schonhämmern[6] geschlagen.

In dem Kopf sitzt der Stiel. Das Loch für den Stiel heißt Auge. Rund um das Auge ist der Kopf vom Hammer nicht gehärtet.
Nicht gehärteter Stahl dämpft Schläge besser ab.
Der Stiel besteht meist aus Holz. Holz dämpft auch die Schläge.
Das Holz muss sehr lange Fasern haben und zäh sein, damit es nicht bricht. Akazie, Esche und Hickory sind geeignete Hölzer.
Der Stiel darf keine Risse haben.
Der Stiel ist mit einem Keil oder einer Keilschraube mit dem Kopf verbunden. Er muss fest sitzen.

Das Umformen von Blech mit dem Hammer heißt Treiben.
Das Treiben von Blech ist eine typische Aufgabe in der Ausbildung.

Werkstatthinweise

- Bei der Arbeit mit dem Schlosserhammer muss eine Schutzbrille getragen werden.
- Oft ist auch ein Gehörschutz notwendig.
- Der Hammer muss gut zum Arbeitenden passen. Ein passender Hammer hilft, Arm und Hand zu schonen. Es kann helfen, verschiedene Hämmer zu testen.
- Der Hammer soll fest, aber nicht verkrampft gehalten werden. Beim Aufschlag soll er recht locker in der Hand liegen.
- Ein gerader, guter Stand hilft.

6 Schonhämmer haben meist Schlagflächen aus Aluminium, Kupferlegierungen, Kunststoff (meist Polyamid) oder Holz.

3.1.2 Der Latthammer

10: Latthamer

Der Latthammer (Bild 10) dient hauptsächlich zum Nageln.

Der Kopf vom Latthammer hat eine Bahn, eine Finne und eine Spitze.

Die **Bahn** ist meistens rau. Mit der rauen Bahn lässt sich auch ein leicht schräg stehender Nagel eingeschlagen.

Mit der langen **Spitze** können Balken gegriffen und gezogen werden.

Zum Entfernen von Nägeln hat er eine **Klaue**. Die Klaue ist der Spalt zwischen der Spitze und der Finne.

Der Stiel ist meistens aus Stahl. Der Schlag wird in eine Bewegung vom Nagel verwandelt. Daher ist eine Dämpfung weniger wichtig.
Der Stiel muss aber die Kraft beim Ziehen von Nägeln aushalten.
Latthämmer werden auch mit extralangem Stiel angeboten.
Der Stiel hat einen Griffbereich aus Kunststoff oder Leder.
Der Griff muss rutschfest mit dem Stiel verbunden sein.

Die Seiten vom Latthammer sind durch die Spitze verschieden schwer. Dieses Ungleichgewicht bewirkt bei der Benutzung eine leichte Ungenauigkeit.

3.2 Handwerkzeug zum Schrauben

Schrauben verbinden Einzelteile. Sie werden beim Fügen benötigt. Damit eine Schraube sich dreht, braucht sie einen Antrieb. Die Wörter dafür sind **Schraubenantrieb** oder Schraubenkopfantrieb. Im weiteren Text steht Schraubenantrieb.

Der Schraubenantrieb kann im Kopf der Schraube sein. Dann ist im Schraubenkopf eine bestimmte Form eingebracht. Der Schraubenantrieb kann auch außen am Kopf sein. Dann hat der Kopf von der Schraube außen eine bestimmte Form.

Der Schraubenantrieb wird mit einem Werkzeug angetrieben. Das Werkzeug muss zur Form von dem Schraubenantrieb passen. Für Schraubenantriebe innen im Kopf gibt es Schraubendreher. Für Schraubenantriebe außen am Kopf gibt es Schraubenschlüssel.

Beim Schraubstock gibt es auch einen Schraubenantrieb. Mit ihm werden die Backen zusammengeführt. Der Schraubenantrieb ist eine Stange, die quer durch die Spindel vom Schraubstock geht.

3.2.1 Schraubendreher

Ein einfaches Werkzeug ist der Schraubendreher[7]. Schraubendreher befestigen und lösen Schrauben. Dazu treibt der Schraubendreher Schrauben mit **Schraubenantrieb im Kopf** an.

Ein Schraubendreher ist oft eine Stahlstange. Die Stahlstange ist vorne passend zum Schraubenantrieb geformt und hat hinten einen Griff.

Die Stahlstange heißt Klinge. Der Griff heißt auch Heft. Das Stück Klinge im Griff heißt auch Angel.

Der Schraubendreher muss zur Schraube passen. Sonst gibt es Beschädigungen.

7 Viele sagen Schraubenzieher. Das Fachwort ist aber Schraubendreher.

Schlitzschraubendreher

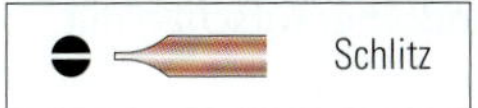

11: Schlitzschraubendreher

Das vordere Ende vom Schlitzschraubendreher (Bild 11) ist keilförmig. Es kann geschmiedet oder geschliffen sein.

Der Schlitzschraubendreher ist einfach herzustellen.
Der Schlitzschraubendreher treibt Schrauben mit einem Schlitz als Antrieb an.
Der Schlitzschraubendreher ist der älteste und einfachste Schraubendreher.
Schrauben für Holz hatten früher oft einfach einen Schlitz als Antrieb. Solche Schrauben sind oft noch in alten Möbeln zu finden.

Es gibt Schlitzschraubendreher mit durchgehender Klinge. Eine durchgehende Klinge hat oft auch noch eine Schlagfläche. Mit Schlägen auf die Schlagfläche kann zum Beispiel Lack im Schlitz vorsichtig weggeschlagen werden.

Ein Schlitzschraubendreher dreht nur an zwei Flächen. Ein Schlitzschraubendreher kann keine großen Kräfte übertragen.

Kreuzschraubendreher

12: Kreuzschraubendreher

Es gibt zwei häufige Arten Kreuzschraubendreher. Sie unterscheiden sich durch die Form von ihren Kreuzen. Es gibt sie außerdem in verschiedenen Größen.

Es gibt also auch zwei Arten Kreuzschrauben.

Die Phillips-Form hat die Abkürzung PH. Die Phillips-Form wird einfach **Phillips** (Bild 12 oben) genannt. Phillips-Schraubendreher rutschen mit ihrem Kreuz gut in die Schraube.

Die Flächen sind etwas gebogen. Der Schraubendreher wird durch diese Biegung etwas aus der Schraube herausgedrückt.

Die Phillips-Form überträgt mehr Kraft als die Schlitzform.

Der **Pozidriv** (Bild 12 unten) hat gerade Flächen. Der Pozidriv wird PZ abgekürzt.
Bei der Herstellung entsteht ein zweites kleines spitzes Kreuz. Es ist um 45° verdreht und sieht aus wie ein kleiner Stern. In der Schraube muss dafür Platz sein. Die Schraube hat also ein Kreuz und in dem Kreuz einen kleinen Stern.
Ein Schraubendreher mit Pozidriv überträgt mehr Kraft als mit Phillips.

Schraubendreher für Schrauben mit Innensechskant

13: Schraubendreher für Schrauben mit Innensechskant

Der Schraubendreher für Schrauben mit Innensechskant (Bild 13) ist von vorne gesehen sechseckig.

Die Kraftübertragung ist sehr gut, wenn der Schraubendreher und die Schraube sehr genau gearbeitet sind. Bei ungenau gefertigten Schrauben rutscht der Innensechskant manchmal durch. Dann wird der Schraubenkopf unbrauchbar.

Der Winkelschraubendreher besteht oft aus einem sechseckigen Stahl mit einer rechtwinkligen Biegung.

Schraubendreher für Schrauben mit Innensechsrund (Torx)

14: Schraubendreher für Schrauben mit Innensechsrund (Torx)

Der Schraubendreher für Schrauben mit Innensechsrund (Bild 14) sieht von vorne ähnlich wie ein Stern aus. Er hat sechs Strahlen und sechs Einkerbungen. Die sechs Einkerbungen sind aber nicht eckig, sondern rund. Die Strahlen enden stumpf.

Ein Innensechsrund überträgt die Kraft mit sechs Kanten. Er kann dabei fast nicht durchrutschen. Schrauben lassen sich deshalb mit dem Innensechsrund gut halten. Arbeiten mit nur einer Hand ist so möglich.

Schraubendreher mit Bithalter und Bit

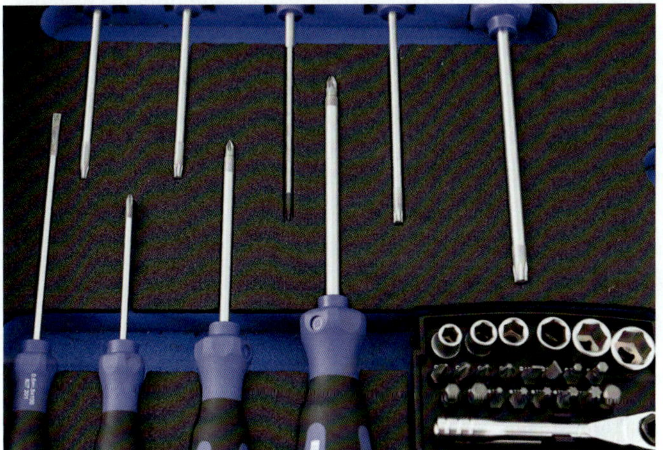

15: Verschiedene Schraubendreher, Nüsse und Bits

Heute gibt es sehr viele verschiedene Schraubenklingen. Die verschiedenen Enden können auch als Bit gefertigt werden (Bild 15). So kann ein Schraubendreher mit vielen Bits viele Schraubendreher ersetzen. Verschlissene Bits können ausgewechselt werden.

Ein Schraubendreher mit Bithalter kann auch Kegelsenker oder andere Werkzeuge aufnehmen.

Die Bits können auch in elektrisch angetriebenen Bithaltern verwendet werden. Akkuschrauber werden oft dazu verwendet.

3.2.2 Schraubenschlüssel

Schraubenschlüssel drehen meist **Schraubenantriebe außen am Kopf**.

Außen ist mehr Platz und es gibt eine bessere Hebelwirkung. Deshalb können sehr große Kräfte erreicht werden. Die drehende Kraft heißt Drehmoment.

Schraubenmuttern werden außen gedreht. Manchmal sind Schraubenkopf und Schraubenmutter beide erreichbar. Dann wird am besten die Schraubenmutter gedreht. Die Schraubenmutter hat weniger Reibung und lässt sich sicher packen.

Schrauben gibt es in vielen Formen. Für jede Form gibt es einen Grund. Eisenbahnschwellen haben oft Schrauben mit einem viereckigen Antrieb außen am Kopf. Auch ein stark verrosteter (korrodierter) viereckiger Antrieb lässt sich noch lösen. Das ist ein möglicher Grund.

Maulschlüssel

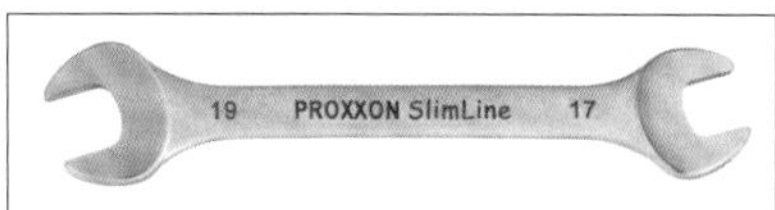

16: Doppelmaulschlüssel mit ungleichen Schlüsselweiten

Der Maulschlüssel (Bild 16) lässt sich von der Seite auf die Schlüsselflächen von Schrauben mit einem viereckigen Antrieb (Außenvierkant) oder sechseckigen Antrieb (Außensechskant) stecken. Der Maulschlüssel funktioniert auch bei angefeilten Schlüsselflächen.

Der Maulschlüssel drückt auf zwei Schlüsselflächen. Er kann aber auch abrutschen. Ein Ringschlüssel ist sicherer als ein Maulschlüssel.

Ringschlüssel

17: Doppelringschlüssel mit ungleichen Schlüsselweiten

Der Ringschlüssel (Bild 17) wird von oben auf die Schraube gesetzt. Er drückt auf sechs Schlüsselflächen. Er kann fast nicht abrutschen.

Ratschenschlüssel

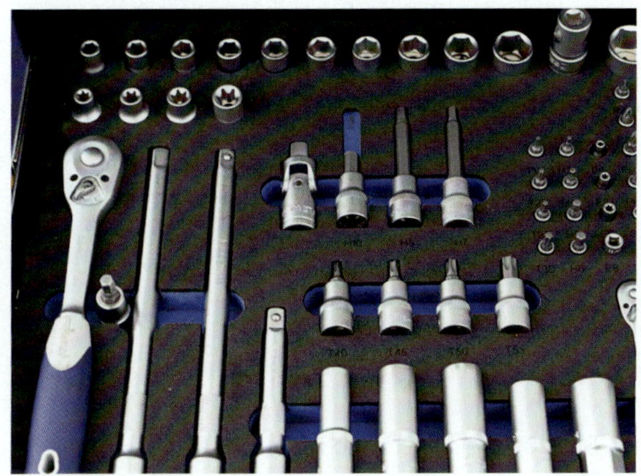

18: Ratschenschlüssel mit Nüssen und Zubehör

Der Ratschenschlüssel (Bild 18) schraubt in eine Richtung und dreht im Leerlauf zurück. Dadurch muss der Schlüssel nicht immer wieder aufgesteckt werden.

Für Ratschenschlüssel gibt es Aufsätze. Die Aufsätze heißen Nüsse.

Nüsse brauchen etwas Platz. Es gibt sie für viele verschiedene Schraubenantriebe.

Drehmomentschlüssel

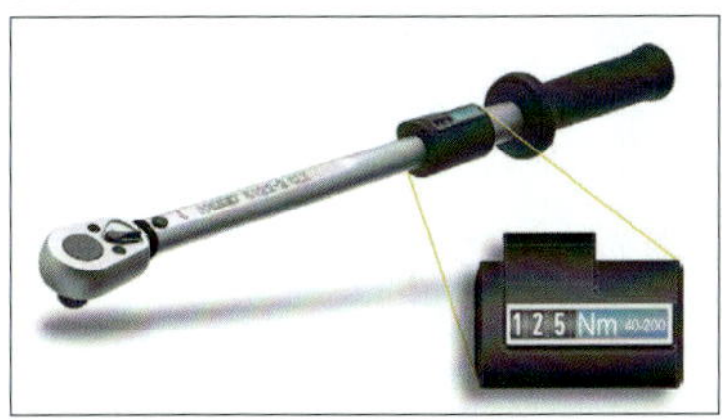

19: Drehmomentschlüssel

Drehmomentschlüssel (Bild 19) werden auf einen bestimmten Drehmoment (Kapitel 1.2, Seite 73) eingestellt. Nach der Verwendung sollte ein Drehmomentschlüssel wieder entspannt werden. Eine entspannte Feder hält länger als eine gespannte Feder.
Das Drehmoment kann in die Zugkraft der Schraube umgerechnet werden. Dazu muss die Reibung genau bekannt sein.
Verschmutzungen und Ungenauigkeiten verfälschen die Genauigkeit.
Eine hundertprozentige Sicherheit kann es deshalb nur bei fabrikneuen Systemen geben.

Hakenschlüssel

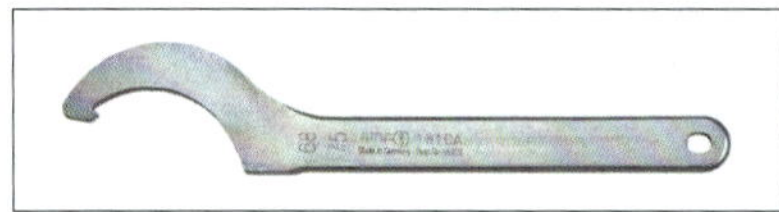

20: Hakenschlüssel

Der Hakenschlüssel (Bild 20) ist ein flacher Schlüssel mit einem Haken. Er braucht wenig Platz.
Mit dem Hakenschlüssel werden Nutmuttern an Maschinen gelöst.
Nutmuttern brauchen wenig Platz und haben ein Feingewinde.

3.3 Handwerkzeug zum Markieren

3.3.1 Höhenanreißer

21: Höhenanreißer

Beim Anreißen werden die benötigten Maße auf einem Werkstück markiert. Mit dem Höhenanreißer (Bild 21) ist das Anreißen oft am einfachsten.

Der Höhenanreißer wird auf einer ebenen Platte verwendet. Etwas Öl auf der Platte macht ihn beweglich.
Wenn die Schneide vom Höhenanreißer auf dem Tisch aufliegt, muss die Skala genau auf null stehen. Nur dann werden die Maße genau übertragen.

Das Werkstück wird mit der **Bezugskante** senkrecht auf die Platte gestellt. Dabei helfen rechtwinklige Prismen, Magnete oder andere rechtwinklige Stücke.
Der Höhenanreißer wird auf das Sollmaß eingestellt und mit seiner Schneide am Werkstück entlanggezogen. Dabei entsteht eine feine Linie.

Die Ecken von der Schneide dürfen nicht ausgebrochen sein. Sie müssen scharf sein. Die Schneide wird nur von vorne geschliffen. Sie lässt sich gut mit Diamantfeilen schärfen.

Mit dem Höhenanreißer lassen sich auch gut Höhen messen.

3.3.2 Anreißnadel und Anschlagwinkel

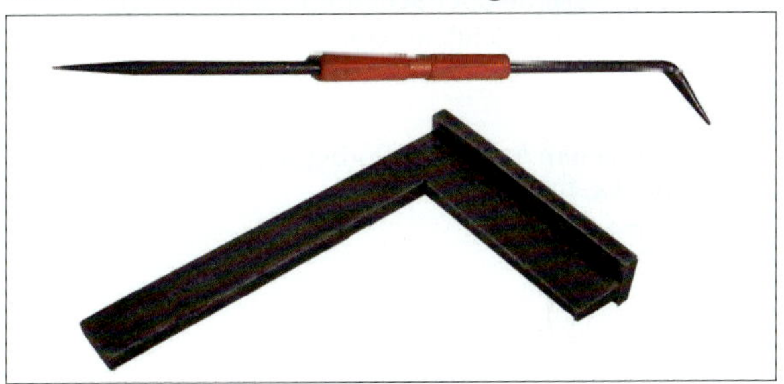

22: Anreißnadel (oben) und Anschlagwinkel (unten)

Einfache Anreißnadeln (Bild 22 oben) sind aus gehärtetem Stahl.
Eine Anreißnadel hat eine feine Spitze. Beim Anreißen muss die Anreißnadel etwas schräg gehalten werden. Dann kommt sie bis ganz in die Ecken.

Mit Anreißnadeln werden an einem Anschlagwinkel (Bild 22 unten) feine Linien gezogen. Das funktioniert auf Metall oder Kunststoff gut.
Ein Anschlagwinkel ist ein Winkel mit einer Stufe am Fuß. Die meisten Anschlagwinkel sind rechte Winkel. Sie sind also Winkel von 90°.
Mit der Stufe wird der Anschlagwinkel an einer Bezugskante ausgerichtet. Danach kann am Anschlagwinkel angerissen oder angezeichnet werden.

Auf Metall mit einer Zunderschicht[8] wird oft mit einer Messingnadel angerissen. Die Messingnadel ist weicher als Stahl. Deshalb ritzt sie Stahl nicht an, sondern dient als Stift.
Eine Messingnadel wird aus einem Messingdraht geschliffen. Sie wird oft nachgeschliffen.

Bei Holz wird oft ein Bleistift zum Anreißen verwendet.

Bei Kunststoff wird oft ein dünner Markierstift zum Anreißen verwendet.

Mit einem Maßband oder Stahlmaß, einem Winkel und einer Anreißnadel kann auf einen halben Millimeter genau angerissen werden.

3.3.3 Hilfsstoffe für das Anreißen

Dunkle Flächen können mit **Kreide** oder **Schlämmkreide** vorbereitet werden. Kreide ist Kalk oder Gips.[9] Schlämmkreide ist Kreidepulver in Wasser.

Helle Flächen können mit einem Anreißlack vorbereitet werden.
Ein breiter Permanentmarker hilft auch.

---

8 Zunder entsteht, wenn heißer Stahl oxidiert. Die Zunderschicht ist also hauptsächlich Eisenoxid.

9 Eckige Kreide ist meist aus Kalk, runde aus Gips. Gips lässt sich gut in Formen gießen.

Exkurs: Von der Zeichnung zum Einzelteil

Baugruppe und Einzelteil

Ein Produkt kann aus vielen Einzelteilen bestehen. Mehrere Einzelteile können eine Baugruppe bilden.

Einzelteile müssen oft in der Werkstatt gefertigt werden. Sie werden dann auch Werkstück genannt.

Das Produkt „Werkbank“ besteht zum Beispiel aus einer Platte und einem Gestell.

Die Platte wird als Werkstück passend gesägt und gehobelt. Die fertige Platte ist ein Einzelteil.

Das Gestell besteht aus Rohren. Die Rohre sind Einzelteile. Die Rohre werden als Werkstücke einzeln gefertigt. Die Einzelteile werden zu der Baugruppe gefügt, also verbunden.

Ein Werkstück wird nach einer Zeichnung gefertigt. Beim Fertigen wird die Zeichnung auf das Werkstück angewandt.

Die Zeichnung dokumentiert die Eigenschaften vom Werkstück. Die Zeichnung muss eindeutig sein. Die Regeln zum Erstellen von Zeichnungen stehen im Tabellenbuch.

Bezugskanten

In der Zeichnung sind die Maße oft von den Kanten aus bemaßt. Diese Kanten heißen Bezugskanten. Mit den Bezugskanten bekommen wir die Maße auf das Werkstück.[10]

Manchmal sind die Maße auch aus der Mitte heraus bemaßt. Das ist bei symmetrischen Teilen sinnvoll. Bei symmetrischen Teilen[11] sind die Maße gleich. Die Breite von den Schraubstockbacken kann gut aus der Mitte heraus bemaßt werden. Der Abstand von den Schraubenlöchern ist auch symmetrisch.

Vor dem Übertragen von den Maßen müssen zuerst die Bezugskanten auf dem Werkstück ausgesucht werden. Die Bezugskanten müssen gerade und im richtigen Winkel sein. Sie müssen oft erst einmal passend gemacht werden. Danach können die Maße auf dem Werkstück markiert werden.

Das Markieren von den Maßen auf dem Werkstück heißt Anreißen.

10 Im Maschinenbau werden Bezugskanten oft an Stufen angelegt, sind also Anlegekanten.

11 Symmetrie ist Spiegelung oder Drehung. Hier geht es um gespiegelte Teile.

3.3.4 Körner

23: Körner

Der Körner (Bild 23) ist ein Stück Stahl mit einer harten Spitze. Die Spitze hat einen Winkel von 60° bis 90°. Ein Winkel von 90° ist häufig.
Meist ist die Spitze aus gehärtetem Stahl. Es gibt aber auch Körner mit Spitzen aus Hartmetall.

Mit einem Hammer und einem Körner werden kleine Vertiefungen in das Werkstück gedrückt.[12] Diese Vertiefungen heißen Körnerpunkte.

Der Mittelpunkt für Bohrungen wird nach dem Anreißen gekörnt. So hat der Bohrer Halt und verrutscht beim Anbohren nicht.
Der Körnerpunkt hilft also gegen das **„Verlaufen"** vom Bohrer.[13]
Der Körnerpunkt „fängt den Bohrer".

Manchmal ist der Körnerpunkt nicht genau an der richtigen Stelle. Dann heißt er „verrutschter Körnerpunkt". Ein verrutschter Körnerpunkt kann durch leichte schräge Schläge korrigiert werden.

4 Weitere nützliche Dinge in der Werkstatt

Besen
Ein Besen für die Werkstatt muss Öl vertragen. Er soll sich außerdem nicht mit Spänen verhaken. Als Borsten sind Kokosfasern oder ähnliche Naturfasern geeignet.

Vor dem Fegen muss überlegt werden, ob der Staub für Menschen oder Geräte gefährlich ist.

12 Damit ist der Körner die einfachste Form einer Punze. Schlagstempel heißen Punzen.

13 Verlaufen ist das Fachwort, wenn der Bohrer nicht gerade bohrt.

Kehrspäne

Kehrspäne sind Holzspäne mit Öl oder Wachs. Sie verkleben beim Fegen feinen Staub. Dadurch kommt weniger Staub in die Luft.
Kehrspäne helfen, wenn Maschinen oder Dinge in einem Raum Staub schlecht vertragen.

Handfeger und Schaufel

Ein Handfeger für die Werkstatt soll Öl und Hitze vertragen.
Als Borsten sind Kokosfasern gut geeignet.

24: Handfeger und Schaufel

Mit dem Handfeger werden zum Beispiel Werkbank und Schraubstock grob gereinigt.
In der Schaufel werden Späne und Staub eingesammelt.

Pinsel

Große feste Pinsel entfernen Späne und Staub gut. Dafür sind zum Beispiel Rosshaarpinsel gut geeignet, weil sich Späne nicht darin verfangen. Rosshaare sind Haare vom Pferd. Ross ist ein anderes Wort für Pferd.

Kleine feste Pinsel fetten und schmieren gut.

Weiche Pinsel lackieren gut.

Handwerkzeuge zum Trennen

Exkurs: Schneidkeil

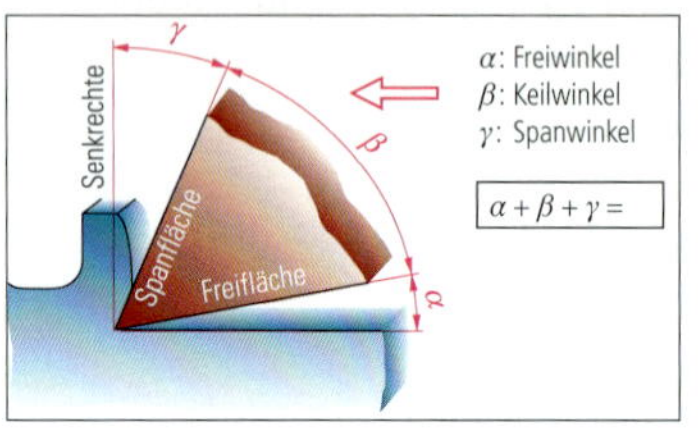

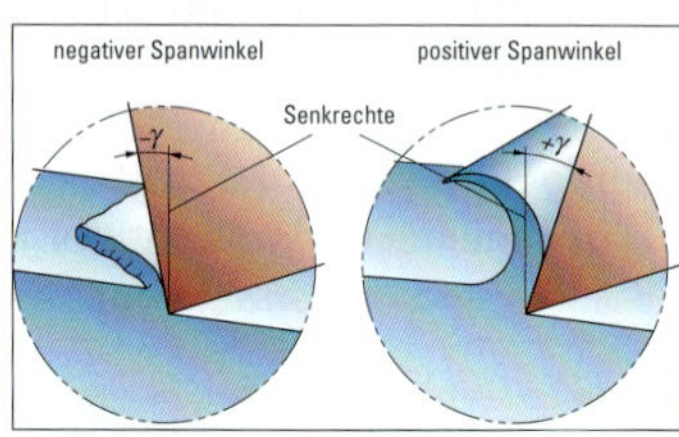

1: Winkel und Flächen am Schneidkeil

2: Negativer und positiver Spanwinkel

In der Metallwerkstatt wird meistens mit einem Schneidkeil getrennt.
Es können auch mehrere Schneidkeile hintereinander angeordnet sein.
Beim Trennen drückt der Schneidkeil sich etwas in das Material.
Das Trennen wird von drei Winkeln beeinflusst (Bild 1).

Der Schneidkeil hat einen Winkel, den **Keilwinkel**.
Ein Schneidkeil mit großem Keilwinkel lässt sich nur mit viel Kraft in das Material drücken. Ein Schneidkeil mit großem Keilwinkel ist sehr stabil.
Ein Schneidkeil mit kleinem Keilwinkel lässt sich leicht in das Material drücken. Ein Schneidkeil mit einem kleinen Keilwinkel verbiegt aber leichter oder bricht ab.
Der Keilwinkel muss zum Material vom Werkstück passen.

Damit der Schneidkeil sich etwas in das Material drücken kann, muss bei der Bewegung hinter ihm Platz sein. Der Schneidkeil hat dazu eine **Freifläche**.
Zwischen Freifläche und Werkstückoberfläche ist der zweite Winkel, der **Freiwinkel**.
Ein kleiner Freiwinkel führt das Werkzeug gut und es kann nicht schwingen. Ein kleiner Freiwinkel macht aber auch Reibung und damit Reibungswärme. Ein kleiner Freiwinkel führt oft zu Kratzspuren.
Bei weichem Material ist ein großer Freiwinkel wichtig.

Bei der weiteren Bewegung vom Schneidkeil trennt sich der Span ab.
Er schiebt sich über die **Spanfläche**. Zwischen der Spanfläche und der **Senkrechten** zur Werkstückoberfläche ist der dritte Winkel, der

Spanwinkel. Der Spanwinkel wird also senkrecht zur Werkstückoberfläche gemessen. Spanfläche und rechter Winkel zum Werkstück ergeben den Spanwinkel.
Der Spanwinkel kann positiv oder negativ sein (Bild 2).
Wenn der Winkel zwischen Spanfläche und dem Werkstück in Richtung Schneidkeil kleiner als 90° ist, ist der Spanwinkel positiv. Bei einem positivem Spanwinkel schneidet das Werkzeug.
Wenn der Winkel zwischen Spanfläche und dem Werkstück in Richtung Schneidkeil größer als 90° ist, ist der Spanwinkel negativ.
Bei einem negativen Spanwinkel schabt das Werkzeug.

1 Metallsäge

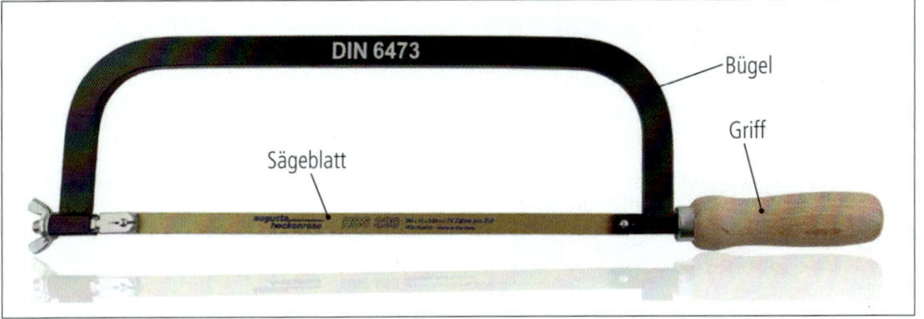

3: Metallsäge

1.1 Beschreibung

Eine Metallsäge (Bild 3) besteht meist aus einem Bügel mit einem Sägeblatt. An dem Bügel ist ein Griff.

Das Sägeblatt hat Sägezähne. Die Sägezähne zeigen nach vorne. Das ermöglicht Sägen mit viel Kraft.
Das Sägeblatt darf nicht verknicken. Deshalb wird das Sägeblatt mit einer Schraubenmutter gespannt. Die Spannung durch die Schraubenmutter muss größer als die Kraft beim Sägen sein.
Bei vielen Sägen kann das Sägeblatt um 90° gedreht werden.
Ein um 90° gedrehter Bügel ist bei tiefen Schnitten nicht im Weg.

Freischneiden

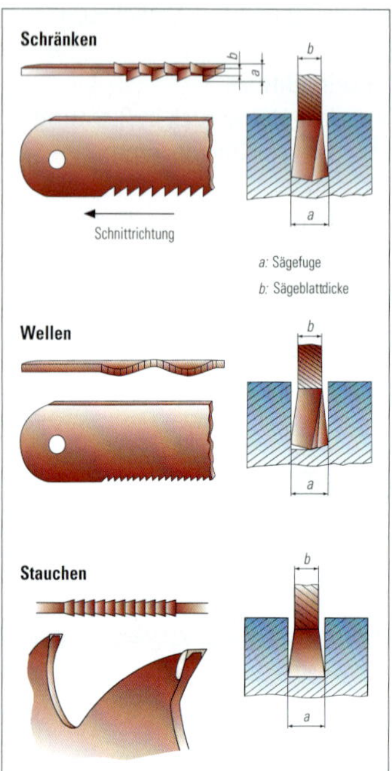

4: Schränkungen vom Sägeblatt zum Freischneiden

Die Sägezähne von der Metallsäge sind nicht gerade hintereinander angeordnet (Bild 4). Die Sägezähne von der Metallsäge sind in einer Wellenlinie angeordnet. Die Anordnung heißt Wellenschränkung.

Durch die Wellenschränkung ist der Schnitt hinter den Zähnen breiter als das Sägeblatt. Das Sägeblatt schneidet frei.
Durch die Wellenschränkung klemmt das Sägeblatt nicht im Schnitt.

Teilung von der Säge/Zahnabstand von der Säge
Auf dem Sägeblatt befindet sich eine bestimmte Anzahl von Sägezähnen auf einer bestimmten Strecke. Das ist die **Teilung von der Säge**. Meist ist die Anzahl von den Sägezähnen pro Zoll angegeben. Ein Zoll sind 25,4 mm. Der englische Name für Zoll ist Inch.

Die Anzahl von den Sägezähnen steht meist auf dem Sägeblatt. Steht auf dem Sägeblatt zum Beispiel die Zahl 18, dann sind das 18 Zähne pro Zoll. Mit dieser Zahl kann der **Abstand zwischen den Sägezähnen** ausgerechnet werden. Zum Ausrechnen vom Abstand wird der Wert für Zoll (25,4 mm) durch die Anzahl von den Sägezähnen pro Zoll (18) geteilt:

$$\frac{25{,}4\text{ mm}}{18} = 1{,}41\text{ mm}$$

Der Abstand zwischen den Sägezähnen beträgt bei unserem Beispiel also 1,41 mm.

Ein Blech von 1,5 mm Dicke lässt sich damit noch gut schneiden.
Ein Blech mit weniger als 1,5 mm Dicke verhakt sich zwischen den Zähnen. Es lässt sich also schlecht damit schneiden.
Für ein Blech mit weniger als 1,5 mm Dicke wird ein Blatt mit einer höheren Zähnezahl gebraucht.

Sägeblätter mit einer abnehmenden Zahnung haben vorne eine engere Teilung als hinten. Ein Beispiel wäre die progressive Zahnung 32–18.
Am Anfang vom Blatt sind 32 Zähne pro Zoll und am Ende sind 18 Zähne pro Zoll. Das heißt **progressive Zahnung**. Die progressive Zahnung hilft beim Ansägen.

1.2 Arbeiten mit der Metallsäge

Die Metallsäge wird für Metall, aber auch für Kunststoff verwendet.

Beim Sägen sollte möglichst das ganze Sägeblatt genutzt werden. Beim Sägen sind lange, gerade Bewegungen sinnvoll.
Lange, gerade Bewegungen helfen, gerade zu sägen.
Lange, gerade Bewegungen helfen, die Späne besser zu entfernen. Bei langen, geraden Bewegungen wird das Blatt nicht an einer Stelle heiß.

2 Meißel

2.1 Beschreibung

Meißel bestehen aus Kopf, Schaft und Schneide (Bild 5).
Beim Meißeln schlägt der Hammer mit Geschwindigkeit auf den Kopf vom Meißel.

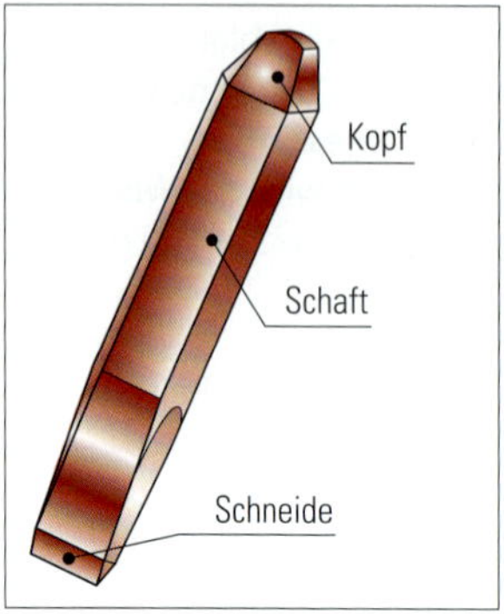

5: Aufbau vom Meißel

Die Geschwindigkeit und die Masse vom Hammer ergeben eine Energie. Diese Energie heißt Impuls oder Stoßenergie.
Der Hammer gibt diese Stoßenergie an den Meißel ab.

Der Meißel muss aus einem sehr zähen und harten Stahl sein. Meist ist es ein luftgehärteter Stahl.
Luftgehärteter Stahl ist ein Werkzeugstahl, zum Beispiel 45 CrMoV 7. Es ist außerdem ein Kaltarbeitsstahl. Kaltarbeitsstähle halten bis 200 °C gut aus. Bei höheren Temperaturen als 200 °C sinkt die Härte.
Der Meißel sollte deshalb an der Schneide nicht wärmer als 200 °C werden.

Der Kopf muss weicher als die Schneide sein. Der Kopf wird später durch eine thermische Behandlung wieder etwas weicher gemacht.

Ein Meißel wird beim Arbeiten stark beansprucht. Er muss deshalb von guter Qualität sein.

Kopf
Der Kopf vom Meißel muss die Stoßenergie vom Hammer aushalten.
Er darf durch die Stoßenergie nicht splittern. Der Kopf darf keine Risse haben. Er darf nicht spröde sein.
Der Kopf vom Meißel sollte nicht stark gehärtet sein. Deswegen wird er nach dem Härten extra angelassen.

Beim Anlassen wird ein Werkstoff bis zu einer Temperatur erwärmt, bei der die Härtung schwächer wird.

Der Kopf vom Meißel muss eine geeignete Form haben. Der Kopf hat deshalb eine Fase. Für eine Fase schleift man aus einer scharfen Ecke zwei stumpfe Ecken.

Die Fase am Kopf hält leider nicht lange.
An einem flach gehauenen Kopf wird die Ecke wieder zu einer Fase geschliffen.

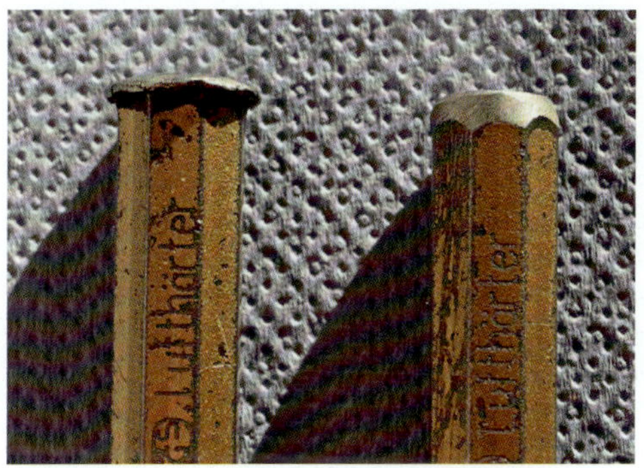

6: Meißel mit Bart (links) und geschliffen (rechts)

Wenn der Kopf stark umgeformt ist und einreißt, heißt das Bart. Vom Bart können sehr leicht Splitter abplatzen. Ein Bart am Meißel (Bild 6) muss unbedingt weggeschliffen werden.

Schaft

Der Schaft soll die Stoßenergie vom Hammer zur Schneide leiten. Er soll die Stoßenergie dabei nicht dämpfen. Denn die Stoßenergie soll Arbeit am Werkstück verrichten. Der Schaft muss deshalb elastisch sein.
Der Schaft darf nicht brechen. Er muss also zäh sein.

Schneide

Die Schneide vom Meißel muss härter als das Material sein, das bearbeitet wird. Die Schneide sollte beim Schleifen deshalb so kühl wie möglich

bleiben. Sie darf auf keinen Fall heißer als 200 °C werden. Wenn möglich sollte mit Kühlmittel geschliffen werden.
Manche Meißel für die Bearbeitung von Steinen oder anderem sehr harten Material haben eine Schneide aus Hartmetall.

2.2 Arbeiten mit dem Meißel

Mit Meißeln wird zerteilt, geschert, zerspant oder zertrümmert.

Der Meißel wird mit dem Hammer angetrieben. Der Meißel ist also ein Werkzeug, für das ein weiteres Werkzeug gebraucht wird.

Manche Meißel werden von Maschinen angetrieben. Auch bei maschinellen Meißeln schlägt ein Hammer auf den Meißelkopf. Oft wird von Maschinen mit sehr vielen leichten Stößen gemeißelt.

Der Keilwinkel von der Schneide

Der Keilwinkel (Exkurs Schneidkeil, Seite 32 und 33) muss zum Material passen, das bearbeitet wird:

- Für die Bearbeitung von weichen Metallen wie Kupfer und Aluminium sind Schneiden mit einem Keilwinkel von 50° bis 60° üblich.
- Für die Bearbeitung von härteren Metallen sind Keilwinkel bis 80° üblich.
- Für die Bearbeitung von Stein sind Keilwinkel von 80° bis 90° üblich.

Zerteilen

Beim Zerteilen wirkt der Meißel als Keil.

Beim Zerteilen liegt das Werkstück auf einer festen, geraden Fläche.
Der Meißel steht mit der Schneide senkrecht auf der Fläche.
Beim Schlagen mit dem Hammer schiebt die Schneide den Werkstoff auseinander. Dabei wird der Werkstoff meistens verformt. Vor der Meißelschneide bildet sich ein Riss.
Bei weiteren Schlägen mit dem Hammer schiebt der Meißel den Werkstoff solange weiter auseinander, bis er zerteilt ist.

Wenn Bleche mit dem Flachmeißel geteilt werden sollen, hilft es, die Schneide etwas bogenförmig zu schleifen.

Scheren

Beim Scheren wirkt der Meißel zusammen mit einem weiteren Stück Stahl als Schere.

Beim Scheren wird das Material gestaucht, geschert und getrennt.
Dafür muss der Meißel scharf geschliffen sein. Ein großer Keilwinkel ist gut.
Zum Scheren wird außerdem eine weitere Schneidkante gebraucht.
Bleche lassen sich mit dem Meißel scheren.

Zum Scheren wird ein Blech mit einem Stück Stahl in den Schraubstock eingespannt. Das Blech muss genau auf der Schnittlinie eingespannt sein. Der Meißel wird an einer Seite vom Blech mit der Schneidkante flach angesetzt. Das Stück Stahl dient als zweite Schneidkante.
Die Schneidkante vom Meißel gleitet über die Stahlkante und schert dabei das Blech am Stahl ab. Die Schneide vom Meißel und das Stück Stahl bilden so eine Schere.
Der eingespannte Bereich vom Blech kann sehr sauber geschnitten werden. Der abgescherte Teil vom Blech verformt sich.
Das Blech kann natürlich auch zwischen zwei Stahlstücke gespannt werden. Das geht zum Beispiel mit zwei kaltgezogenen L-Stählen. Zur Not geht für eine kurze Zeit auch Aluminium.

Spanen

Beim Spanen wirkt der Meißel als Schneidkeil.

Beim Spanen staucht der Meißel das Material. Ein entstehender Span gleitet auf dem Schneidkeil ab. Der Meißel muss also scharf sein.
Ausbrüche können so grob abgetragen werden.

Zertrümmern

Beim Zertrümmern wirkt der Meißel als Keil.

Beim Zertrümmern zerbricht der Meißel mit der Stoßenergie vom Hammer sprödes Material. Der Keil wirkt also im aufgelockerten Material trennend.
Besonders Stein wird oft mit dem Meißel zertrümmert.
In der Metallwerkstatt wird zum Beispiel die Schlacke vom Schweißen zertrümmert.

2.3 Arten von Meißeln

Flachmeißel

7: Flachmeißel

Der Flachmeißel (Bild 7) ist der häufigste Meißel. Mit ihm lässt sich zerteilen, scheren, spanen und zertrümmern.

Der Flachmeißel hat eine breite, gerade Schneide.

Der Flachmeißel eignet sich besonders zur Bearbeitung von Flächen und zum Scheren am Schraubstock. Der Flachmeißel eignet sich nicht zum Nuten.

Kreuzmeißel

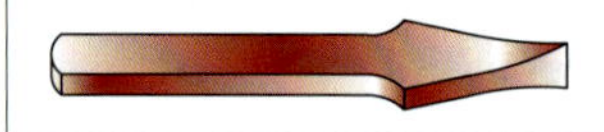

8: Kreuzmeißel

Mit dem Kreuzmeißel (Bild 8) wird spanend gearbeitet.

Der Kreuzmeißel hat eine schmale Schneide.

Die Schneide sitzt quer zum Schaft. Sie ist etwas breiter als die Dicke vom Schaft. Sie kann für Nuten verwendet werden.
Mit dem Kreuzmeißel kann eine Vertiefung in ein Werkstück gemeißelt werden. Dabei entstehen Späne.

Trennstemmer

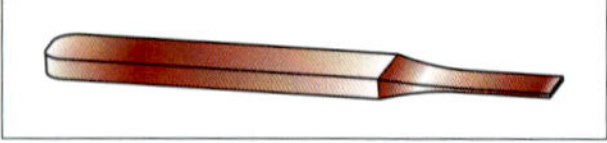

9: Trennstemmer (Stegmeißel)

Der Trennstemmer (Bild 9) heißt auch Stegmeißel. Er wird zum Scheren genutzt.

Der Trennstemmer fällt sofort auf. Er hat eine flach geschliffene Schneide. Hinter der Schneide wird der Stegmeißel dünner, damit er sich nicht verklemmt.

Der Trennstemmer schert das Material ab und drückt dabei das Werkstück nicht auseinander. Er wirkt nicht zerteilend. Er wird meist für Ausbrüche genutzt. Vor dem Ausbrechen werden viele kleine Löcher nebeneinander gebohrt. Die Stücke zwischen den Löchern heißen Stege. Die Stege werden mit dem Trennstemmer entfernt.

3 Feile

3.1 Beschreibung

Eine Feile besteht aus dem Feilenblatt, der Angel und dem Griff.

Das **Feilenblatt** hat hintereinander angeordnete Schneidkeile.
Die Schneidkeile bestehen aus schabenden oder schneidenden scharfen Kanten, Freiflächen und Spanflächen. Das Feilenblatt ist gehärtet.
Die **Angel** ist die Verbindung mit dem Griff. Die Angel ist nicht gehärtet, damit sie nicht brechen kann.
Der **Griff** heißt auch Heft. Das Heft sollte keine Risse haben und fest sitzen. Hefte gibt es in verschieden Größen. Das Heft muss zur Länge vom Feilenblatt passen.
Die Länge vom Feilenblatt ist bei Feilen das Maß für die Größe.

Es gibt gefräste Feilen und gehauene Feilen (Bild 10). Außerdem gibt es Raspeln.

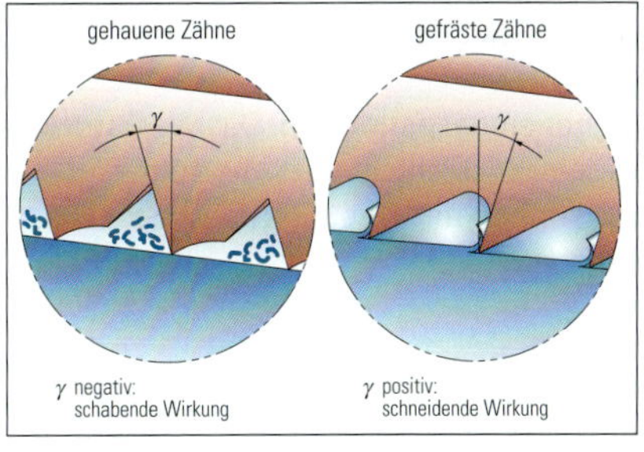

10: Gehauene und gefräste Feilen

3.2 Arbeiten mit der Feile

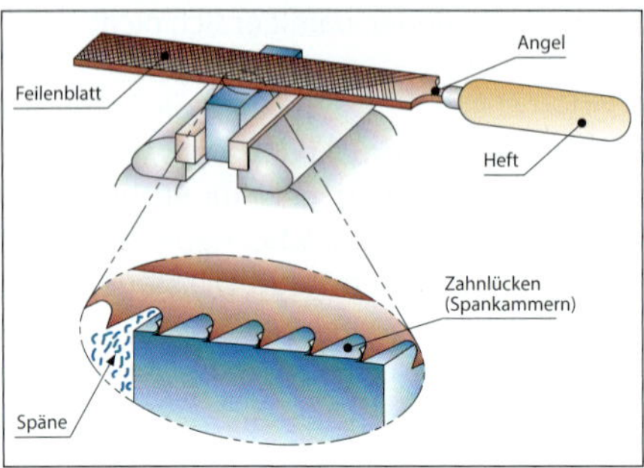

11: Spanabnahme durch Feilen

Eine Feile nimmt feine Späne vom Werkstück ab (Bild 11).
Die Späne können sich in der Feile verhaken. Sie hinterlassen dann oft Riefen. Riefen sind ungewollte lange Kratzspuren. Die Späne müssen entfernt werden, um Riefen zu vermeiden.
Zum Entfernen von den Spänen soll die Feile regelmäßig mit der Feilenbürste gereinigt werden. Sehr fest sitzende Späne lassen sich mit einem Stück Messing entfernen.
Die Feile kann vor dem Arbeiten auch leicht mit Kreide eingerieben werden. Dann können Späne sich nicht so gut festhaken.
Beim Feilen sollten deshalb Feilenbürste und Kreide bereit liegen.

Der nötige Druck zum Feilen kann nicht von einer Hand allein kommen. Die Feile wird deshalb hinten am Heft von einer Hand und vorne am Blatt von der anderen Hand gehalten.
Es wird möglichst die ganze Länge der Feile benutzt.

Das Werkstück muss zum Feilen sicher eingespannt sein. Das Werkstück soll möglichst knapp eingespannt sein. Es soll nicht weit aus dem Schraubstock ragen. Dünne Bleche können mit einem dickeren Stück Material stabil eingespannt werden.

Gerade Flächen feilen

Zum Feilen von geraden Flächen muss das Werkstück in der richtigen Höhe sein. Dazu muss der Schraubstock auf die richtige Höhe eingestellt werden. Die Höhe soll auf den Benutzer eingestellt sein.

Das Werkstück ist in der richtigen Höhe, wenn der Unterarm und die Hand sich beim Feilen gerade bewegen.
Wenn der Unterarm und die Hand sich beim Feilen gerade bewegen, wird die gefeilte Fläche gerade.
Wenn das Werkstück zu hoch ist, wird die gefeilte Fläche nach hinten höher.
Wenn das Werkstück zu tief ist, wird die gefeilte Fläche nach hinten niedriger.
Das Werkstück sollte also immer in der richtigen Höhe sein. Diese Höhe ist für eine Person immer gleich.

Exkurs: Gerade Flächen feilen

Das Feilen von geraden Flächen muss geübt werden. Dabei helfen folgende Arbeitsschritte:

1 Die Feile wird auf das Werkstück gelegt.
2 Die Feile wird mit gleichmäßigem Druck nach vorne bewegt. Die Bewegung geht nach vorne und wenn möglich etwas zur Seite.
3 Am Ende vom Feilenblatt wird die Feile gestoppt.
4 Die Feile wird angehoben und zurückgezogen.

Das Feilen von geraden Flächen kann bewusst in diesen Schritten geübt werden.

Die Feile muss mit Druck auf dem Werkstück liegen, bevor sie nach vorne bewegt wird. Sonst bewegt sich oft eine Hand versehentlich zu schnell nach unten. Das führt zu ungeraden Flächen. Besonders die Ecken vorne rechts und hinten links bekommen so oft kleine Schrägen.

Die Feile muss vorm Anheben gestoppt werden. Sonst hebt eine Hand versehentlich früher an. Meist hebt die linke Hand vor der rechten Hand an. Dadurch wird auch oft eine kleine Ecke schräg.

Radien/Rundungen feilen
Oft müssen bei einem Werkstück Ecken abgerundet werden.

Die Feile transportiert Späne nach vorne. Die Späne behindern die Feile. Zum Feilen von Rundungen/Radien wird die Feile deshalb senkrecht an einer Ecke angesetzt. Die Feile zeigt also steil nach unten.

Beim Feilen wird die Feile gleichmäßig vom Senkrechten in das Waagerechte geschwenkt. Bei jedem Hub von steil nach flach.
Das sieht falsch herum aus, aber die Späne werden so gut abtransportiert.

Werkstatthinweise

- Feilenspäne werden mit dem Handfeger, einem Pinsel oder einem Lappen entfernt. Das Entfernen von den Spänen mit der Hand führt zu unnötigen Verletzungen.
- Bei Stahl ist es oft sinnvoll, erst den Rand zu entgraten. Beim Entgraten werden scharfe Kanten beseitigt. Am Rand von Stahl ist oft eine Eisenoxidschicht. Eisenoxid ist sehr hart und hinterlässt Kratzer und Riefen auf dem Stahl. Die Eisenoxidschicht heißt auch Zunderschicht.
- Es ist wichtig, eine gute Arbeitshaltung zu finden. Es ist wichtig, gut zu stehen, um mehrere Stunden arbeiten zu können. Eine gute Arbeitshaltung ist immer wieder gleich. Sie hilft der Hand beim Finden der richtigen Haltung. Eine gute Arbeitshaltung führt so zu einer guten Wiederholbarkeit. Ein anderes Wort für Wiederholbarkeit ist Reproduzierbarkeit. Eine gute Arbeitshaltung führt zu einem guten Gefühl für die Arbeit.

3.3 Arten von Feilen

3.3.1 Gehauene Feilen

Die Zähne von gehauenen Feilen haben einen sehr großen Keilwinkel und einen negativen Spanwinkel. Gehauene Feilen wirken deshalb **schabend**.

Gehauene Feilen eignen sich für die Bearbeitung von harten Metallen. Auch Kunststoffe, Holz und weitere Materialien lassen sich bearbeiten.

Eine gehauene Feile wird bei der Herstellung geschmiedet.[1]
Bei der Herstellung wird zuerst die Grundform von der Feile vorbereitet. Das ist der Feilenrohling.

1 Früher wurden Feilen mit einem Hammer und einem Meißel von Hand gehauen. Der alte Beruf heißt Feilenhauer. Heute werden Feilen meist maschinell gehauen oder gefräst.

Der Feilenrohling wird stark erhitzt. Er wird weichgeglüht.
In den Feilenrohling werden mit einem Meißel die Zähne geschmiedet.
Danach wird das Feilenblatt gehärtet.

Ein Schlag mit Hammer und Meißel in den Feilenrohling heißt **Hieb**.
Der Hieb ist etwas schräg zur Längsachse der Feile.

Es gibt verschiedene **Hiebarten** (Bild 12):

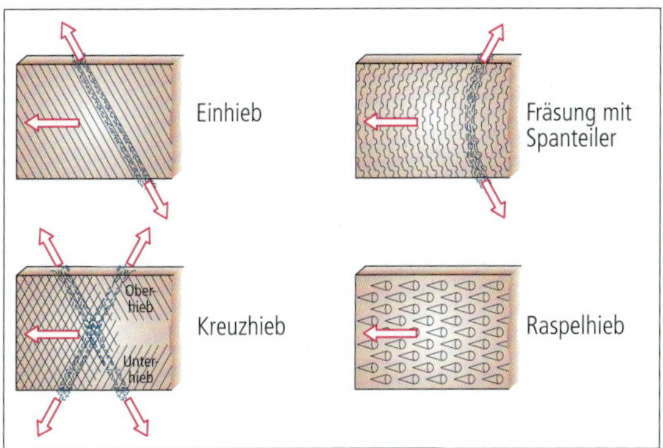

12: Verschiedene Hiebarten

Der Hieb von einfach gehauenen Feilen geht nur in eine Richtung.
Das heißt Einhieb. Der Einhieb ist typisch für eine Drehmaschinenfeile.
Die Richtung vom Hieb verhindert, dass die Feile in Richtung von den Backen gezogen wird. Der Einhieb eignet sich für weiche und harte Metalle.

Die meisten Feilen haben einen zweiten Hieb. Der erste Hieb heißt **Unterhieb**. Der zweite Hieb heißt **Oberhieb**. Der Oberhieb hat einen anderen Winkel als der Unterhieb. Dadurch kreuzen sich die Hiebe.
Das heißt **Kreuzhieb**.

Durch die verschiedenen Winkel liegen die Kreuzungen nicht direkt hintereinander. So bleibt auch beim geraden Feilen nichts stehen.
Es entstehen keine Riefen. Es entsteht eine glatte Fläche.
Durch den Kreuzhieb entstehen feinere Späne als beim Einhieb.

Es gibt grobe und feine Feilen.

Grobe Feilen haben wenige Hiebe. Mit groben Feilen wird sehr viel Material abgenommen. Das Abnehmen von viel Material heißt **Schruppen**.
Schruppen ist die Vorarbeit. Auf das Schruppen folgt die feine Bearbeitung.

Feine Feilen haben viele Hiebe. Mit feinen Feilen wird wenig Material abgenommen. Die Oberfläche wird glatt. Das Abnehmen von wenig Material heißt **Schlichten**.

Schlichten ist die feine Bearbeitung.

Bei der Einteilung von Feilen wird außerdem zwischen Hiebzahl und Hiebnummer unterschieden.

Hiebzahl

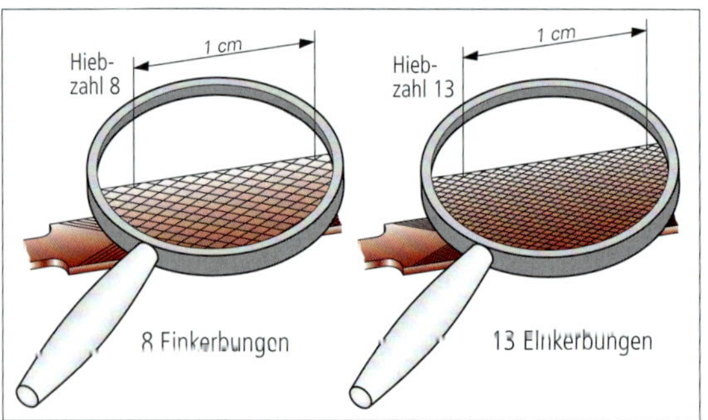

13: Hiebzahl

Die Hiebzahl (Bild 13) ist die Anzahl Hiebe pro cm.
Nach DIN 8349 werden die Hiebe pro cm in Längsrichtung gezählt.
Bei Kreuzhieben werden die Oberhiebe gezählt.
In der Schweiz ist eine Zählung senkrecht zum Oberhieb üblich.
In manchen Ländern erfolgt eine Zählung pro Zoll (25,4 mm).

Hiebnummer

Die Hiebnummer steht auf den Feilen meist nahe der Angel.

Je höher die Hiebnummer, umso feiner ist die Feile. An der Hiebnummer erkennt man die Feilenart und damit auch ihre Aufgaben.

Es gibt die Hiebnummern 0 bis 5 und höher. Sehr häufig sind Feilen mit den Hiebnummern 1, 2 und 3.

Länge in mm	**Hiebnummer 1** (Bastardfeile)	**Hiebnummer 2** (Halbschlichtfeile)	**Hiebnummer 3** (Schlichtfeile)
	Hiebzahl in Hiebe pro cm, Toleranz ± 8 %		
100	17	22	28
150	13	18	22
200	10	14	18
250	9	12	16
300	8	11	14
350	7	10	13

14: Hiebzahlen für gehauene Feilen nach DIN 8349

Für Feilen mit den Hiebnummern 1, 2 und 3 gibt die Norm DIN 8349 Hiebzahlen für bestimmte Längen von den Feilenblättern vor. Feilen mit entsprechenden Hiebzahlen dürfen als „nach DIN 8349 gefertigt" angeboten werden.

Die Hiebzahlen dürfen bis zu 8 % höher oder 8 % niedriger als die Werte in der Norm gefertigt sein. Das gilt so auch für die in den nächsten Sätzen angegebenen Hiebzahlen.

Bei der Bezeichnung einer Feile wird die Länge vom Feilenblatt ohne Angel und die Hiebnummer angegeben. Die Hiebnummer wird oft nur Hieb genannt. Eine Feile mit einem Feilenblatt mit einer Länge von 300 mm und Hiebnummer 1 hat die Angabe 300 Hieb 1.

Feilenblätter sind unterschiedlich lang.
Je länger das Feilenblatt ist, umso weniger Hiebe pro cm gibt es bei gleicher Hiebnummer. Längere Feilenblätter haben also bei gleicher Hiebnummer weniger Hiebe als kürzere Feilen.

Feilen mit gleicher Hiebnummer können deshalb unterschiedliche Hiebzahlen haben.
Eine Feile 300 Hieb 1 hat eine Hiebzahl 8. Sie hat also 8 Hiebe pro cm Länge.
Eine Feile 150 Hieb 1 hat die Hiebzahl 13 (13 Hiebe pro cm).
Eine Feile 150 Hieb 3 hat die Hiebzahl 22 (22 Hiebe pro cm).
Eine Feile 350 Hieb 3 hat die Hiebzahl 13 (13 Hiebe pro cm).
Eine Feile 150 Hieb 1 hat also die gleiche Hiebzahl wie eine Feile 350 mm Hieb 3!

Flachstumpffeile

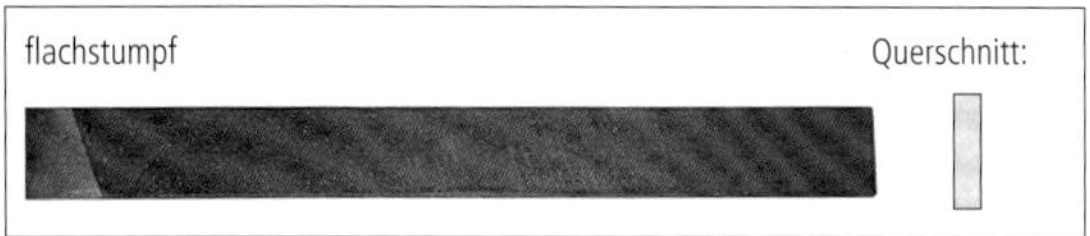

15: Feilenquerschnitt von einer Flachstumpffeile

Die Flachstumpffeile (Bild 15) ist flach und hat vorne keine Spitze. Sie ist also flach und stumpf.

Die Flachstumpffeile hat als Werkstattfeile einen Kreuzhieb auf beiden flachen Flächen. Eine von den schmalen Seiten ist auch gehauen, die andere schmale Seite ist glatt.

Die schmale glatte Seite hilft sehr beim Feilen einer Stufe oder Aussparung. Da die glatte Seite keine Schneiden hat, feilt sie nicht. Sie wird deshalb in die Richtung einer fertig gefeilten Fläche gedreht.

Die Flachstumpffeile ist eine sehr häufig verwendete Feile.
Typische Größen in der Werkzeugkiste sind: 300 mm Hieb 1, 300 mm Hieb 3 und 150 mm Hieb 3.
Mit diesen Größen können Werkstücke auf Maß gebracht werden und gute Oberflächen gefeilt werden.

Werkstatthinweis

Die schmalen glatten Seiten sind meistens nicht ganz glatt. Oft stehen kleine Zähnchen von den flachen Seiten über die Fläche hinaus. Diese Zähnchen hinterlassen Riefen auf der fertigen Fläche.
Man sagt: Die überstehenden Zähnchen markieren.
Die überstehenden Zähnchen können am Schleifbock entfernt werden.
Bei Arbeiten am Schleifbock sind wichtige Sicherheitsregeln zu beachten.
Bitte informieren Sie sich vor dem Schleifen über die Sicherheitsregeln, die an Ihrem Arbeitsplatz gelten.
Früher wurde dieser Arbeitsschritt von den Herstellern gemacht.

Dreiecksfeile

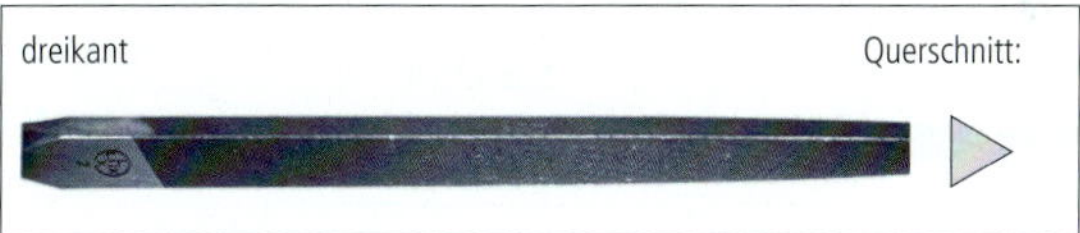

16: Feilenquerschnitt von einer Dreiecksfeile

Die Dreiecksfeile (Bild 16) ist im Querschnitt dreieckig. Die Winkel sind 60°.

Die Dreiecksfeile ist vorne schmaler. Die Flächen sind leicht gewölbt. Mit dieser leichten Wölbung konnen leichte Vertiefungen in Flächen gefeilt werden.

Die Dreiecksfeile wird meist in kleinen Größen gebraucht.
Typische Größen in der Werkzeugkiste sind: 200 mm Hieb 1 oder 150 mm Hieb 1 und 200 mm Hieb 3 oder 150 mm Hieb 3.

Mit Dreiecksfeilen können Durchbrüche bearbeitet werden.
Mit einer Dreiecksfeile lassen sich auch gut kleine Kerben feilen. Solche Kerben können beim Sägen helfen. Die Säge wird in der Kerbe angesetzt und rutscht nicht ab.
Mit einer solchen Kerbe lässt sich auch eine Innenrundung vorbereiten. Die Kerbe mit der Dreiecksfeile markiert genau die Mitte von einer Innenrundung. In der Kerbe wird mit der Rundfeile oder Halbrundfeile weiter gefeilt. Die Rundung ist so an der richtigen Stelle.

Vierkantfeile

17: Feilenquerschnitt von einer Vierkantfeile

Die Vierkantfeile (Bild 17) ist im Querschnitt quadratisch.

Die Vierkantfeile eignet sich wie die Dreiecksfeile für Durchbrüche.
Die Vierkantfeile lässt sich vorne besser halten als die Dreiecksfeile.
Sie markiert aber eher ungewollt seitliche Flächen als die Dreiecksfeile.

Rundfeile

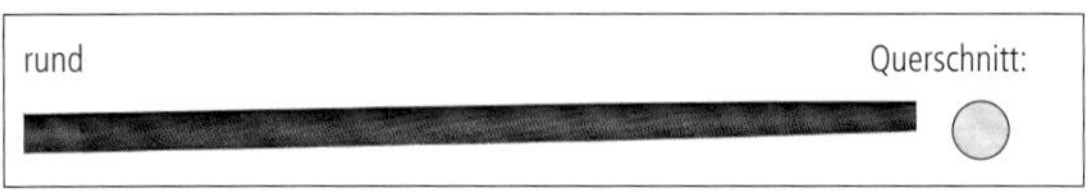

18: Feilenquerschnitt von einer Rundfeile

Die Rundfeile (Bild 18) ist im Querschnitt rund.

Die Rundfeile wird für kleine Innenrundungen und für Langlöcher gebraucht. Langlöcher bestehen aus zwei Rundungen und einem länglichen Bereich zwischen den Rundungen.
Langlöcher sind manchmal zum Korrigieren von verrutschten Bohrungen nötig.
Langlöcher gibt es auch für die Montage von verschiebbaren Werkstücken.

Oft müssen Bohrungen zu Langlöchern gefeilt werden.

Halbrundfeile

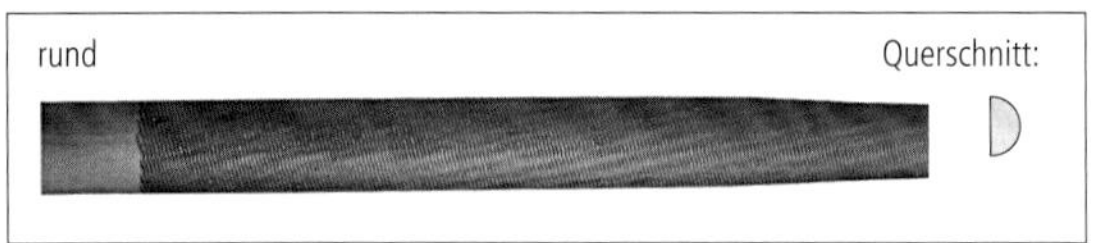

19: Feilenquerschnitt von einer Halbrundfeile

Die Halbrundfeile (Bild 19) ist im Querschnitt ein Kreissegment. Der Winkel von den Ecken ist kleiner als 30°.

Mit der Halbrundfeile lassen sich sowohl Flächen als auch große Rundungen feilen. Die Halbrundfeile ist auch sehr angenehm zum Entgraten und Fasen.

Schlüsselfeilen
Sehr kleine Feilen werden Schlüsselfeilen genannt.

Sie haben die gleichen Formen wie Werkstattfeilen und sind dabei deutlich kleiner.

3.3.2 Gefräste Feilen

20: Zähne von einer gefrästen Feile

Die Zähne von gefrästen Feilen (Bild 20) haben einen kleinen Keilwinkel und meist einen positiven Spanwinkel. Gefräste Feilen arbeiten deshalb meist schneidend.

Kleine Keilwinkel brechen bei hartem Material. Gefräste Feilen eignen sich deshalb nur für die Bearbeitung von weichem Material.
Solche weichen Materialien sind Aluminium, Kupferlegierungen und thermoplastische Kunststoffe ohne Verstärkungsstoffe.

Eine Spezialanwendung ist das Feilen von Lack mit der Karosseriefeile. Gefräste Feilen mit gerader Fräsung können mit einem feinen dreieckigen Schleifstein und Öl geschärft werden. Das Schärfen ist mühsam, kann aber die Feile deutlich verbessern.

Karosseriefeile
Die Karosseriefeile ist eine gefräste flache Feile.
Diese Feile wird meist in einen speziellen Halter eingespannt. Mit dem Halter kann sie gebogen werden. Die Biegung hilft, konkave Flächen zu feilen. Konkav heißt: nach innen gebogen.

3.3.3 Raspeln

Raspeln entstehen durch punktförmige Hiebe. Mit jedem Hieb wird ein kleines Zähnchen erzeugt.

Raspeln haben eine reißende Wirkung und sind nur für grobe Arbeiten geeignet.

Raspeln werden viel in der Holzbearbeitung eingesetzt. Auch viele thermoplastische Kunststoffe lassen sich raspeln.

3.3.4 „Unechte" Feilen

Gehauene Feilen, gefräste Feilen und Raspeln sind Feilen im technischen Sinn. Feilen im technischen Sinn haben eine geometrisch bestimmte Schneide. Bei geometrisch bestimmten Schneiden sind die Winkel am Schneidkeil bekannt.

Bei Diamantfeilen oder andere Feilen mit Schleifkörpern (Kapitel 5, Seite 56) sind die Winkel am Schneidkeil unbekannt. Diese Feilen sind im technischen Sinn keine „echten" Feilen.

Diamantfeile und CBN-Feile

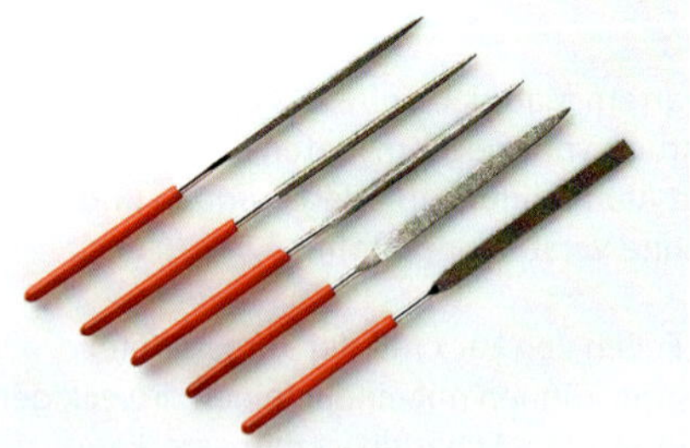

21: Set von Diamantfeilen

Diamantfeilen (Bild 21) und CBN-Feilen schleifen mit einer Schicht aus Diamant- oder CBN-Schleifkörpern. CBN ist die englische Abkürzung für Cubic Boron Nitride. Auf Deutsch heißt es Kubisches Bornitrid. Diamant und CBN sind extrem hart.

Die Schicht wird meistens galvanisch aufgetragen. Galvanisch heißt: durch elektrische Metallabscheidung. Dabei entsteht eine sehr dünne Metallschicht. Die Metallschicht hält die Schleifkörper fest. Typisch ist eine Schicht aus Nickel.

Die Richtung, Form und Verteilung von den Schleifkörpern ist zufällig. Die Schleifkörper schleifen damit in jeder Richtung. Die unechten Feilen werden deshalb zum Beispiel auch kreisend bewegt.

Die Größe von den Schleifkörpern heißt Körnung. Die Körnung ist meist auf der Verpackung angegeben.
Bei Diamant- und CBN-Feilen gibt es extrem feine Körnungen.
Diamantfeilen und CBN-Feilen sind hart genug, um Hartmetall zu schleifen.
Diamantfeilen und CBN-Feilen werden mit Öl und einer feinen Drahtbürste gereinigt.

Hobelfeile

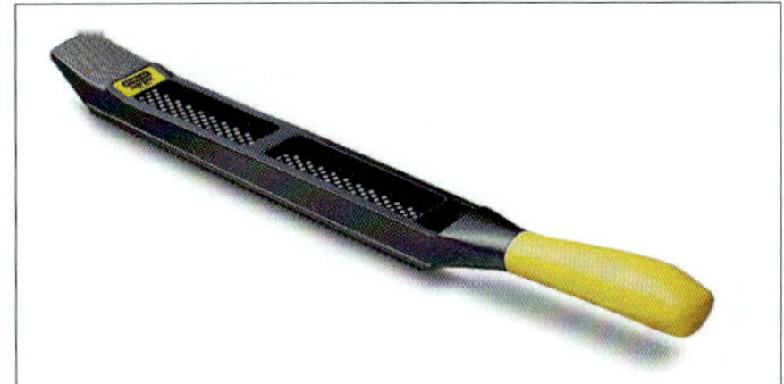

22: Hobelfeile

Die Hobelfeile (Bild 22) ist als Werkzeug schwer einzuordnen.

Die Hobelfeile besteht aus einem Halter und einem Blech.
In das Blech sind Löcher gestanzt und an jedem Loch ragt eine Kante in Materialrichtung hervor. Diese Kanten sind die Schneiden.

Die Schneiden von der Hobelfeile sind wie bei einer Feile geometrisch bestimmt. Es sind auch mehrere Schneiden hintereinander angeordnet. Die Späne werden aber durch das Werkzeug nach oben abgeführt.
Hobelfeilen gibt es in verschiedenen Ausführungen. Es gibt Hobelfeilen, die wie ein Hobel gehalten werden. Es gibt auch Hobelfeilen, die wie eine Feile gehalten werden.
Die meisten Hobelfeilen werden geschoben. Manche Hobelfeilen werden aber auch gezogen.

Die Hobelfeile wird für Holz, Gipskarton, weiche Metalle und Kunststoffe verwendet.

Glasfeile
Hat eine Glasfeile in einem Werkstattbuch etwas zu suchen?
Glasfeilen werden doch meistens für Fingernägel verwendet!
Hochwertige Glasfeilen werden durch Ätzen von Glas erzeugt.
Kleine Tröpfchen Ätzmittel ätzen halbkugelige Vertiefungen.
Die Oberfläche ist weder mit der Oberfläche von gehauenen oder gefrästen Feilen noch mit der Oberfläche von Schleifmitteln vergleichbar.
Deshalb sollten Glasfeilen erwähnt werden.
Und jeder in der Werkstatt hat auch mal kaputte Fingernägel. Also.

4 Spanende Handwerkzeuge mit einzelner Schneide

Bei der Arbeit mit einzelnen Schneiden können Spanwinkel und Freiwinkel durch die Handhaltung verändert werden.

4.1 Ziehklinge

23: Ziehklinge aus einem alten Sägeblatt

Die Ziehklinge (Bild 23) ist ein sehr festes Blech mit einem feinen überstehenden Grat. Ein Grat ist eine scharfe Kante. Wird die Ziehklinge falsch herum gehalten, wirkt sie kaum. Die Ziehklinge hat also eine Arbeitsrichtung.

Die meisten Ziehklingen werden mit beiden Händen gezogen. Kleine Ziehklingen werden mit nur einer Hand verwendet.
Beim Ziehen wird die Ziehklinge leicht in Richtung Körper gekippt. Zur Zugrichtung sollte sie etwas schräg gezogen werden. Durch das schräge Ziehen wird Rattern verhindert. Rattern meint hier Festhaken und Rutschen. Rattern bewirkt ungleichmäßiges Schneiden.

Mit der Ziehklinge werden zum Beispiel Kanten von Kunststoffen bearbeitet und Lack entfernt.

Der Grat kann sehr fein sein. Der Grat nutzt sich ab. Er sollte deshalb gelegentlich nachgearbeitet werden. Für die Nachbearbeitung gibt es eigene Werkzeuge. Die Ziehklinge kann zum Beispiel auf einem feinen Schleifstein rechtwinklig nachgezogen werden. Dann ist sie auch schon recht gut.

Ziehklingen können leicht selbst gebaut werden. Ziehklingen können zum Beispiel aus alten Sägeblättern gebaut werden.

4.2 Schaber

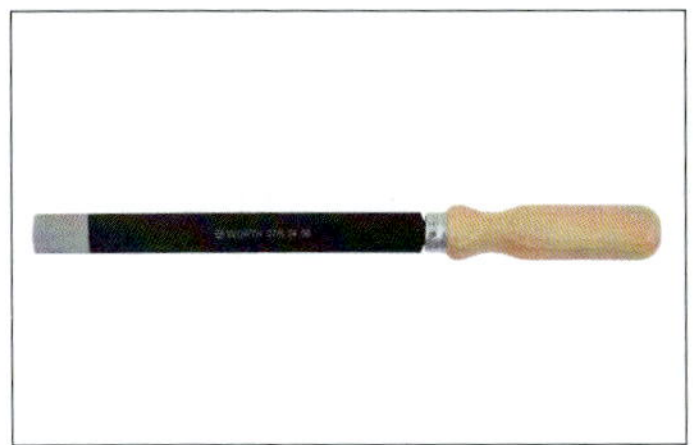

24: Schaber

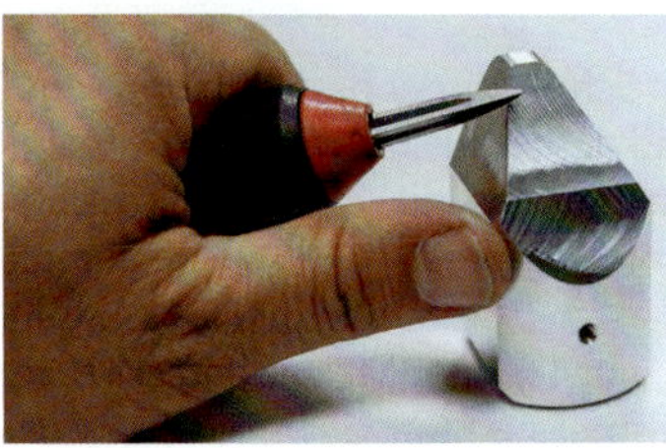

25: Dreikantschaber

Der Schaber (Bild 24) hat einen Griff und arbeitet mit einer scharfen Kante. Der Schneidkeil hat einen Winkel von 90°. Der Spanwinkel ist dadurch negativ und arbeitet deshalb schabend.
Schaber werden schiebend verwendet.

Schaber aus relativ weichem Stahl dienen zum Beispiel zum Entfernen von Lack an Auflageflächen vor der Montage von Teilen.
Auch Anlegekanten werden mit Schabern vorbereitet.
Sehr harte Schaber dienen zur sehr genauen Nacharbeit von Flächen.
Mit Schabern können auch gezielt Vertiefungen in Oberflächen erzeugt werden. Diese Vertiefungen sind oft der Ort für Schmiermittel in Gleitflächen.

Der **Dreikantschaber** (Bild 25) hat einen Keilwinkel von 60°. Die Bewegung beim Dreikantschaber kann ziehend oder schiebend sein. Der Dreikantschaber wird für Innenflächen und für das Entgraten benutzt.

4.3 Handentgrater mit beweglicher Klinge

Handentgrater bestehen aus einem Handgriff, einer beweglichen Klinge und einer Befestigung für die Klinge. Die Klingen sind als Einwegklingen gedacht.

Klingen für weiche Materialien haben einen größeren Keilwinkel, damit sie nicht zu tief einschneiden.
Die Klinge ist so frei drehbar befestigt, dass sie immer gut am Grat anliegt.
Handentgrater erleichtern die Arbeit sehr.

5 Handwerkzeuge zum Schleifen

Die Werkzeuge zum Schleifen haben **Schleifkörper**.

Ein Schleifkörper besteht aus einem Trägermaterial, einem Bindemittel und dem Schleifmittel. Die Eigenschaften vom Trägermaterial, vom Bindemittel und vom Schleifmittel bestimmen die Eigenschaften vom Schleifkörper.

Es gibt **Trägermaterial** aus vielen verschiedenen Materialien, zum Beispiel aus Stoff, Gewebe oder Stahl.

Das **Bindemittel** ist meist ein Kunstharz oder ein keramischer Stoff. Die Härte vom Bindemittel bestimmt die Härte vom Schleifkörper.

Das **Schleifmittel** liegt in Form kleiner Schleifkörner vor.

5.1 Schleifmittel

Die Schneiden von Schleifmitteln haben keine einheitliche Form und sie sind auch nicht gleichmäßig angeordnet. Die Schneiden von Schleifmitteln sind geometrisch unbestimmt.[2]

Häufige Schleifmittel sind Aluminiumoxid (Korund), Siliciumcarbid, Kubisches Bornitrid (CBN) und Diamant. Der Preis und die Härte von den Schleifmitteln steigen in dieser Reihenfolge an.

Das häufige Schleifmittel Korund kommt in der Natur vor. Korund kann aber auch chemisch aus Tonerden, Bauxit oder Kaolinit gewonnen werden.
In der Natur kommt Korund verunreinigt vor. Natürlicher Korund ist zum Beispiel als „Schmirgel" bekannt. Schmirgel stammt meistens von der griechischen Insel Naxos. Gereinigter Korund kann zu über 99 % aus Aluminiumoxid bestehen. Er heißt dann Edelkorund. Edelkorund ist fester als natürlicher Korund.

Exkurs: Korund

Die Schleifkörner aus Korund können auf verschiedene Arten entstehen:

- Mechanisch: Korund wird in Mühlen gemahlen. Dabei entstehen ganz verschiedene Körner. Die Körner werden durch immer feinere Siebe gesiebt. Dadurch ergeben sich immer feinere Schleifmittel. Die Form von den Körnern ist zufällig.[3]
- Physikalisch: Korund wird geschmolzen und wieder abgekühlt. Dabei ergeben sich gleichmäßigere Körner. Es gilt: Je schneller die Abkühlung, umso kleiner sind die Körner.
- Chemisch: Korund kann künstlich durch chemische Reaktionen hergestellt werden. Dabei entstehen sehr stabile und gleichmäßige Körner.

---

2 Näheres zu geometrisch unbestimmten Schneiden steht in „Technische Grundbegriffe für Metallberufe" (Bestell-Nr. 31974).

3 Es ist sehr aufwändig, aus Steinen Schleifmittel zu gewinnen, diese dann zu schmelzen und wieder zu zerkleinern. Daher sind natürliche Steine meistens besser für die Umwelt.

5.1.1 Gebundene Schleifmittel

Schleifpapier und Schleifgewebe
Bei Schleifgewebe und Schleifpapier ist ein Schleifmittel mit Bindemittel auf einem Gewebe oder Papier aufgebracht. Das Schleifmittel ist durch das Bindemittel auf dem Schleifgewebe oder Schleifpapier **gebunden**.

Das Schleifmittel besteht aus kleinen Körnern. Das Schleifmittel ist meistens Korund.
Gewebe als Trägermaterial ist sehr stabil und wasserfest.
Papier als Trägermaterial ist sehr glatt.

Das Bindemittel ist meistens Kunstharz.

Bei der Herstellung von Schleifgewebe und Schleifpapier werden die Schleifkörner auf das Trägermaterial gestreut und mit dem Trägermaterial verklebt.

Sind zwischen den Schleifkörnern viele Lücken, heißt das **offen gestreut**.
Bei offen gestreuten Schleifmittel ist viel Platz zwischen den Körnern.
Offen gestreute Schleifmittel sind gut, wenn viele Späne entstehen.
Nadelholz wird deshalb mit offen gestreutem Schleifmittel bearbeitet.
Sind zwischen den Körnern wenig Lücken, heißt das **dicht gestreut**. Dicht gestreute Schleifmittel sind für sehr harte und zähe Materialien geeignet.
Halboffen gestreut liegt zwischen dicht gestreut und offen gestreut.

Schleifgewebe kann direkt mit der Hand verwendet werden. Bei der Verwendung mit der Hand besteht aber durch Grate und Kanten Verletzungsgefahr. Außerdem liegt das Schleifgewebe bei der Verwendung mit der Hand nicht gerade auf. Deshalb ist es besser, Schleifgewebe mit einem Schleifblock zu verwenden.

Schleifblöcke haben gerade Flächen und lassen sich gut greifen.
Es gibt Schleifblöcke mit Klammern für Schleifgewebe und auch für Schleifpapier.

Schleifpapier reißt schnell, deshalb sollte es nicht mit der Hand verwendet werden.

Für manche Arbeiten ist es hilfreich, Schleifpapier auf ein Stück Holz zu kleben. So können zum Beispiel auch runde Schleifstangen hergestellt werden. Mit runden Schleifstangen erreicht man schlecht erreichbare Stellen.

Schleifpapier lässt sich meistens gut mit Schellack auf Holz kleben. Schellack kann danach mit Brennspiritus (Alkohol) wieder entfernt werden.

Schleifsteine

26: Schleifen auf einem Schleifstein

27: Natürlicher Schleifstein in einer Holzbox

Schleifsteine in der Werkstatt können Kunststeine (Bild 26) und natürliche Schleifsteine (Bild 27) sein. Mit beiden lassen sich sehr gute Ergebnisse erreichen. Bei Schleifsteinen ist das Schleifmittel gebunden.

Berühmte **natürliche Schleifsteine** sind der Arkansasstein, der Thüringer Schärfstein, der Blaue Belgische Brocken, der Roszutec und der Tennen Toishi.[4]
Die Namen von diesen Natursteinen Natursteine werden auch für künstliche Schleifsteine mit ähnlichen Eigenschaften verwendet.

Der Arkansasstein wird mit Öl verwendet.
Die anderen Steine werden meistens mit Wasser verwendet. Sie können aber auch mit Öl verwendet werden.
Sobald ein Stein mit Öl verwendet wurde, kann er danach nicht mehr gut mit Wasser verwendet werden.

4 Lange Zeit wurden die natürlichen Steine in der Werkstatt seltener. Mittlerweile werden aber ihre Schönheit und ihre Besonderheiten wieder mehr geschätzt.

Bei vielen Schleifsteinen ist eine Körnung angegeben.
Eine Körnung von 500–1000 ist grob.
Eine Körnung von ungefähr 2000 ist mittel.
Eine Körnung von ungefähr 4000 ist fein.

Die meisten Schleifsteine werden beim Schleifen mit Wasser oder mit Öl verwendet.
Die Schleifsteine werden meistens mit Öl oder Wasser getränkt.
Schleifen mit Öl oder Wasser oder einer Mischung heißt Nassschliff.

Öl und Wasser kühlen beim Schleifen. Wasser kühlt stärker als Öl.
Aus Wasser und den abgeriebenen Schleifkörnern entsteht oft eine polierende Paste.
Beim Nassschliff entsteht kein Schleifstaub in der Luft.
Schleifstaub kann sehr gesundheitsschädigend sein.

Beim Schleifen werden meistens ebene Flächen bearbeitet. Ebene Flächen können gut mit rechteckigen Schleifsteinen bearbeitet werden. Mit rechteckigen Schleifsteinen lässt sich auf ebenen Flächen zum Beispiel gut Flugrost entfernen. Als Flugrost werden dünne, frische Rostschichten bezeichnet.
Auf rechteckigen Schleifsteinen werden Schneiden geschärft.

Werkstatthinweise

- Schleifsteine für das Schleifen mit Wasser sollten vorm Schleifen einige Minuten im Wasser liegen.
- Beim Nassschliff mit Wasser kann vom Metall Staub in die Haut gelangen. Die Fettschicht von der Haut schützt etwas davor. Die Hände sollten vor dem Schleifen möglichst ohne Seife gewaschen werden. Eine leicht fettende Creme hilft auch. Nach dem Schleifen sollten die Hände mit viel Wasser gewaschen werden.
- Beim Nassschliff mit Öl können Inhaltsstoffe aus dem Öl in die Haut gelangen. Das Öl sollte also frei von schädlichen Stoffen sein. Ein gereinigtes Öl ist farblos und geruchsfrei. Eine gute und kostengünstige Möglichkeit ist farbloses „Babyöl“. Als Inhaltsstoff sollte dann als erstes „Paraffinum Liquidum“ stehen.

5.1.2 Ungebundene Schleifmittel

Schleifpulver und Schleifpasten

Schleifpulver und Schleifpasten sind ungebundene Schleifmittel. Ungebundene Schleifmittel werden sehr verschieden eingesetzt. Die Wirkung von ungebundenen Schleifmitteln ist sehr stark von der Trägeroberfläche und dem Grad der Verdünnung abhängig.

Das verdünnte Schleifmittel wirkt zwischen zwei sehr harten glatten Oberflächen anders als zwischen einer weichen und einer harten Oberfläche.
Zwischen zwei harten Oberflächen rollt das verdünnte Schleifmittel. Es wirkt dabei immer wieder fast punktförmig mit seinen Ecken. Dabei entstehen oft matte Flächen.
Zwischen einer harten und einer etwas weicheren Oberfläche drückt sich das verdünnte Schleifmittel in die weichere Oberfläche. Es wirkt dann ähnlich wie ein Schleifstein. Es entstehen feine Riefen.
Bei einer noch weicheren Oberfläche wird das verdünnte Schleifmittel tief in die weiche Oberfläche gedrückt. Es ragt dann nur wenig heraus. Bei einer noch weicheren Oberfläche wirkt das Schleifmittel also schwächer.

Ein Beispiel für die Verwendung von einem ungebundenen Schleifmittel: Wenn eine dauerhaft klemmende Führung zu wenig Spiel hat, muss das Spiel vergrößert werden. Dazu kann Schleifpaste genutzt werden.
Die Schleifpaste wird auf die Flächen gegeben und die gewünschte Bewegung wird mehrmals ausgeführt. Die Schleifpaste muss danach komplett entfernt werden.

5.2 Schleifen von Klingen

Das Schleifen von Messerklingen dient hier als Beispiel. Das Schleifen von Messerklingen ist eine gute und nützliche Schleifübung.
Messerklingen bestehen aus einer schmalen, meist keilförmigen Klinge mit einem Schneidkeil. Der eigentliche Schneidkeil ist meist ein bis zwei Millimeter breit. Die Klinge ist zum Schneidkeil hin oft zusätzlich in der Fläche geschliffen. Oft ist es ein Hohlschliff. Der Schneidkeil endet oft mit einem dünnen Grat. Dieser Grat ist sehr scharf, verbiegt aber auch leicht.

Messerklingen haben einen Keilwinkel von 20° bis knapp 40°. Die Größe vom Keilwinkel richtet sich nach der Art und der Anwendung vom Messer.

Ein kleiner Keilwinkel ermöglicht das Schneiden mit wenig Druck. Eine Messerklinge mit kleinem Keilwinkel ist also für das Schneiden von empfindlichen Dingen sinnvoll. Ein Beispiel in der Werkstatt wäre Schaumstoff. Eine Messerklinge mit kleinem Keilwinkel kann aber leicht ausbrechen und wird schnell stumpf. Sie muss öfter gewetzt und geschliffen werden. Beim Wetzen wird der Grat wieder aufgerichtet.
Eine Messerklinge mit großem Keilwinkel ist für grobe Anwendungen sinnvoll, zum Beispiel für das Bearbeiten von Holz in der Werkstatt.

Messerklingen sind meistens auf beiden Seiten ungefähr gleich geschliffen. Messerklingen sind also meistens symmetrisch.
Der Schärfwinkel ist die Hälfte vom Keilwinkel, also 10° bis 20°.
Die Schärfwinkel können auch bei eigentlich symmetrischen Messerklingen etwas ungleich ausgeführt werden. Wenn das Messer beim Schneiden immer in eine Richtung läuft, kann das durch leicht verschiedene Schärfwinkel ausgeglichen werden. Durch das Schleifen kann das Messer an die eigenen Wünsche angepasst werden.

Messerklingen werden auf einem Schleifstein nass geschliffen. Als Schleifsteine sind Wassersteine üblich. Ein Wasserstein ist ein Schleifstein, der mit Wasser verwendet wird.
Eine Körnung von 1000 bis 2000 ist für den Vorschliff gut. Eine Körnung von 3000 oder feiner ist für den Feinschliff gut. Oft reicht schon ein Feinschliff.

Die Messerklinge soll stabil in dem Schärfwinkel gehalten werden.
Die Messerklinge wird im Schärfwinkel in einem Halbkreis über den Stein gezogen. Die Messerspitze bewegt sich auf diesem Halbkreis außen.
Die Schleifwirkung ist also quer zur Schneide.
Das Messer kann auch im Schärfwinkel quer zur Schneide geschoben und wieder zurückgezogen werden.
Nach dem Schleifen soll das Messer gut abgespült werden.

Für Spezialanwendungen wie Rasiermesser und manche Werkzeuge ist ein Abziehen üblich. Das Abziehen dient zum Aufrichten vom Grat.
Das Abziehen auf Lederriemen erfolgt oft mit einem polierenden Mittel.

Werkzeuge werden oft auch auf einem relativ weichen Kalkstein oder einem Holz abgezogen.

Exkurs: Maximale Schärfe

Wie scharf kann ein Schneidkeil überhaupt werden?

Ein grobes Schleifmittel hinterlässt Kratzer. Das ist eine sichtbare Grenze für die Schärfe. Diese Grenze lässt sich durch feinere Schleifmittel verschieben.

Metalle enthalten typischerweise sogenannte **Körner**. Körner sind geordnete Bereiche im Metall. Es sind aber nicht alle Körner gleich zusammengesetzt.
Oft befinden sich zwischen den Körnern andere Legierungsbestandteile als in den Körnern.
Körner werden auch Kristallite genannt. Korn ist die traditionelle Bezeichnung bei Metallern, Kristallit sagen Chemiker.

Stähle enthalten also meist Körner. Die meisten Schneiden aus Stahl sind geschmiedet. Durch das Schmieden werden die Körner im Stahl gestreckt und dabei dünner. Dadurch erhalten die Schneiden die maximale Schärfe und Stabilität.

Beim Härten vom Stahl wird die Struktur von den Körnern nochmal verändert.
Bei manchen Stahlsorten lösen sich beim Schleifen Körner.
Dann ist die maximale Schärfe durch die Größe vom Korn begrenzt.

Gute Schneidkanten entstehen bei sehr feinen, fest verbundenen Körnern.[5] Gut geschmiedete, geeignete Stahlsorten ermöglichen einen schärferen Schneidkeil als Hartmetall.

5 Scharfe Messer sollten nicht in der Spülmaschine gereinigt werden. In der Spülmaschine wird Salz eingesetzt. Salz begünstigt die Korrosion vom Metall. Dies passiert auch bei rostfreien Legierungen. Viele Küchenmesser werden durch Korrosion zwischen den Körnern stumpf.

Hartmetall ist ein keramischer Stoff in einem Träger aus Metall. Der keramische Stoff dient als Schneidstoff. Es ist meistens ein Wolframcarbid.
Die Korngröße im Hartmetall begrenzt die maximale Schärfe. Die Korngröße liegt zwischen 0,5 Mikrometern und ca. 40 Mikrometern. Beim Schärfen vom Schneidkeil brechen diese Körner aus dem Schneidstoff teilweise aus. Die maximale Schärfe ist also bei Hartmetall auf die Korngrößen von 0,5 Mikrometer bis 40 Mikrometer begrenzt.

Häufig sind die Schneidwerkzeuge auch beschichtet.
Die Beschichtung erfolgt nach dem Schärfen. Die Beschichtung rundet durch ihre Schichtdicke den scharfen Schneidkeil weiter ab.

Am schärfsten ist ein Schneidmaterial ohne Körner.
Das erklärt, warum frische Glasscherben so scharf sein können.
Glas ist amorph. Glas hat also keine Kristalle oder Körner. Amorphes Metall (Metallglas) ist schwer herzustellen.
Sehr kleine Klingen aus amorphen Stahl werden für Augenoperationen verwendet.

6 Gewindeschneideisen

6.1 Beschreibung

28: Gewindeschneideisen

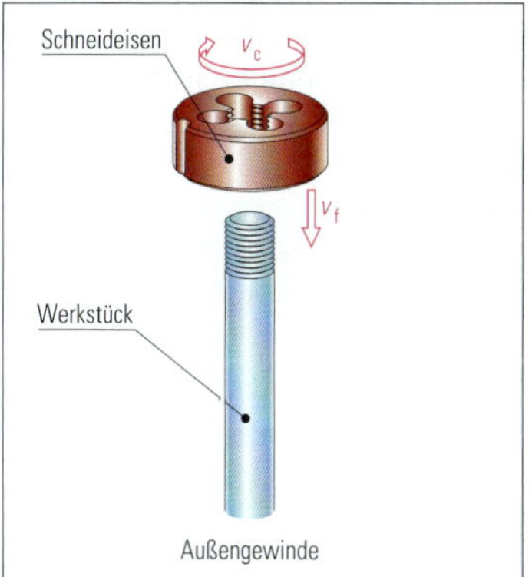

29: Gewindeschneideisen schneiden Außengewinde

Gewindeschneideisen (Bild 28 und Bild 29) schneiden Außengewinde in Stangen und Bolzen. Eine Umdrehung erzeugt eine Windung.

Im Schneideisen sind mehrere Schneidkeile notwendig. Am ersten Schneidkeil im Schneideisen wird das Gewinde ganz leicht vorgeschnitten. Der nächste Schneidkeil schneidet schon tiefer. So geht es weiter bis zum Fertigschnitt. Jeder einzelne Schnitt kann nur einen Span von weniger als 0,1 mm Dicke abtragen. Deshalb sind beim Gewindeschneiden mehrere Schnitte und damit mehrere Schneidkeile notwendig.

Im Schneideisen sind ungefähr zwei Windungen Vorschnitt bis zum fertigen Schnitt. Dieser Bereich im Schneideisen heißt Anschnitt. Der Anschnitt ist auch im fertigen Gewinde erkennbar.

Bis zu drei Drehungen vom Gewinde sind nicht nutzbar. Das Gewinde muss also drei Windungen weiter geschnitten werden, als später gebraucht werden.
Die drei nicht nutzbaren Windungen können beim Schrauben stören. Drehteile[6] werden deshalb oft mit einer Abtragung von drei Windungen Länge versehen. Diese Abtragung heißt Freistich.

Ein Schneideisen für ein Gewinde mit geringer Steigung schneidet weniger tief. Es ist ja feiner. Es braucht weniger Schnitte als ein Schneideisen für ein Gewinde mit viel Steigung.
Deshalb hat ein Schneideisen für M3-Gewinde viel weniger Schneidkeile als ein Schneideisen für M30-Gewinde.

6.2 Arbeiten mit dem Gewindeschneideisen

Exkurs: Arbeiten mit dem Gewindeschneideisen

Der Arbeitsablauf für das Gewindeschneiden geht so:

- Wenn möglich, Stange oder Bolzen auf einen etwas niedrigeren Durchmesser abdrehen. Der Durchmesser richtet sich nach dem Material. Meistens ist 0,1 mm bis 0,2 mm dünner drehen gut.
- Für Bolzen einen Gewindeauslauf abdrehen.
- Eine Fase von 0,68 · P abdrehen oder feilen.[7] P ist die Steigung.
- Zum Material passendes Schneidöl aufbringen.
- Gewindeschneideisen im Halter gerade auf dem Werkstück ansetzen.
- Gewinde schneiden. Dazu ist etwas Druck nötig.
- Gewinde bis zur benötigten Länge schneiden.
  Achtung: Ungefähr 2–3 Windungen sind Anschnitt!
- Schneideisen zurückschrauben.
- Gewinde reinigen und prüfen.

---

6 Drehteile sind Teile, die auf der Drehmaschine gefertigt werden.

7 Genau berechnen lässt sich das so: Bei einer Fase von 45° ist Breite gleich Tiefe. Nach Tabellenbuch ist die Gewindetiefe 0,6134 · P (Steigung). Eine Tiefe von 0,6134 · P ist bei einer Fase von 45° also gerade ausreichend. Üblich sind aber 110 %, also 0,68 · P.

Beim Schneiden vom Gewinde wirken starke Kräfte. Die Stange oder der Bolzen wird an der Schnittstelle vom Gewinde auch etwas umgeformt. Durch das Umformen drückt sich etwas Material nach außen in die Gewindespitzen. Dieser Vorgang heißt „**Aufschneiden**".

Die Stange oder der Bolzen sollte für das Aufschneiden möglichst 0,1 mm bis 0,2 mm dünner als das Nennmaß vom Gewinde sein.
Das Gewinde braucht am Anfang einen etwas geringeren Durchmesser.
Eine Fase von etwas weniger als einer Gewindesteigung ist sinnvoll.
Für das Gewindeschneiden ist Schneidöl sinnvoll.

7 Gewindebohrer

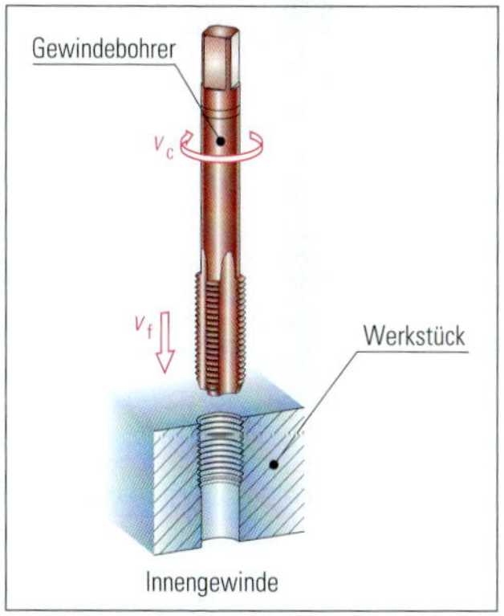

30: Gewindebohrer bohren Innengewinde.

7.1 Beschreibung

Gewindebohrer bohren **Innengewinde** (Bild 30).

Am Gewindebohrer sind mehrere Schneidkanten notwendig. Mit ihnen können mehrere Schnitte hintereinander mit einem Bohrer erfolgen. Jeder einzelne Schnitt schneidet nur etwas weniger als 0,1 mm tief. Gewindebohrer für **Durchgangslöcher** können einen langen Anschnitt haben. Im Anschnitt wird das Gewinde schrittweise geschnitten. Üblich sind Anschnitte mit 6 bis 8 Windungen. Die Bezeichnung für den Anschnitt ist dann „Form A".

Gewindebohrer für Durchgangslöcher haben gerade Nuten. Nuten sind Vertiefungen, die den Gewindebohrer entlang gehen. Die Nuten bilden auch die Spanflächen von den Schneidkanten. Hier ist Platz für die Späne.

Gewindebohrer für **geschlossene Bohrungen** haben oft nur Platz für zwei bis drei Windungen Anschnitt. Der Anschnitt ist also recht kurz. Die Bezeichnung für den Anschnitt ist dann „Form C".

Gewindebohrer für geschlossene Bohrungen haben oft auch wenig Platz für Nuten. Es gibt also wenig Platz für Späne. Das stellt hohe Anforderungen an das Werkzeug.

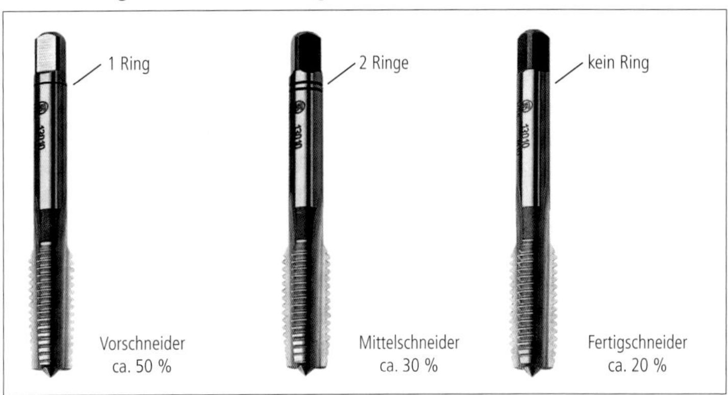

31: Satz von Gewindebohrern

Gewindebohrer gibt es oft als dreiteiligen Satz (Bild 31).
Am Anfang wird der Vorschneider benutzt, dann der Mittelschneider und danach der Fertigschneider.
Der Vorschneider ist schwach gezahnt und mit einem Ring markiert. Der Mittelschneider ist etwas deutlicher gezahnt und mit zwei Ringen markiert. Der Fertigschneider ist am stärksten gezahnt und hat keinen Ring.

7.2 Arbeiten mit dem Gewindebohrer

Für das Gewinde muss ein Kernloch gebohrt werden. Als Durchmesser für das Kernloch ist der Nenndurchmesser vom Gewinde minus die Steigung (P) üblich. Die Steigung (P) steht im Tabellenbuch.

Für das Gewinde muss eine Fase gesenkt werden. Der Durchmesser von der Senkung sollte 110 % vom Nenndurchmesser haben. Durchgangslöcher werden auf beiden Seiten gesenkt!

Kernloch bohren	Senken	Gewindebohren
Ø6,8	90°	M8
■ Der Durchmesser von der Kernlochbohrung ist etwas größer als der Kerndurchmesser. ■ Durchmesser vom Bohrer nach Gewindetabelle ermitteln oder ■ durch Berechnung: Durchmesser vom Bohrer = Durchmesser vom Nenndurchmesser – Steigung Beispiel: M10, Steigung 1,5 mm -› Spiralbohrer 8,5 mm	■ Durch das Ansenken schneidet der Gewindebohrer besser an und ■ die äußeren Gewindegänge werden nicht herausgedrückt.	■ mit dreiteiligen Satzgewindebohrern von Hand oder ■ mit Maschinengewindebohrern: mit stark reduzierter Schnittgeschwindigkeit (30 %–50 % im Vergleich zum Bohren) Beispiel: Baustahl S235: Schnittgeschwindigkeit v_c ca. 10–12 m/min

32: Arbeitsschritte beim Gewindebohren

Exkurs: Arbeiten mit dem Gewindebohrer

Der Arbeitsablauf für das Gewindebohren mit einem dreiteiligen Set von Gewindebohrern geht so (Bild 32):

- Anreißen und Körnen von der Bohrung.
- Kernloch bohren: Der Durchmesser von der Bohrung steht in Tabellenbüchern oder wird errechnet.[8] Zum Errechnen wird die Steigung (P) vom Nenndurchmesser abgezogen.
- Senken: Der Durchmesser von der Senkung ist der Nenndurchmesser mal 1,1. Der Nenndurchmesser von zum Beispiel einem M6-Gewinde ist 6 mm. Die Senkung sollte dann einen Durchmesser von 6,6 mm haben.
- Späne entfernen.
- Gewindebohrer oder Bohrung mit Schneidöl ölen.
- Gewindebohrer in Windeisen einsetzen. Das Windeisen ist eine Halterung mit einer Aufnahme für Vierkante.
- Gewindebohrer mit einem Ring gerade ansetzen und das Gewinde bohren. Den Gewindebohrer bei harten Materialien ab und zu eine halbe Drehung zurückdrehen. Durch das Zurückdrehen brechen Späne.
- Den Gewindebohrer mit einem Ring herausdrehen.
- Gewindebohrer mit zwei Ringen genauso verwenden.
- Zuletzt den Gewindebohrer ohne Ring genauso verwenden.
- Gewinde und Gewindebohrer reinigen.
  Meistens wird zum Reinigen Druckluft verwendet. Dabei muss eine Schutzbrille getragen werden. Öl und Späne werden mit einem Lappen aufgefangen.
- Gewinde prüfen. Bei Grundlöchern kann die Gewindelänge mit der folgenden Methode ermittelt werden: Zum Prüfen am besten einen Gewindelehrdorn nutzen. Sonst eine Schraube vorsichtig von Hand einschrauben.
- Die herausragende Höhe messen. Dann die Schraube oder den Lehrdorn herausschrauben und dessen Höhe messen. Mit dem Wert die nutzbare Gewindelänge ausrechnen.
- Wenn nötig, nachschneiden.

Bei Einschnitt-Gewindebohrern erfolgen alle Schritte mit nur einem Gewindebohrer.

8 Zum Beispiel M4 mit Ø 3,3 mm bohren, M5 mit Ø 4,2 mm bohren, M6 mit Ø 5 mm, M8 mit Ø 6,8 mm, M10 mit Ø 8,5 mm, M12 mit Ø 10,3 mm und M16 mit Ø 14 mm bohren.

Schmiermittel für das Gewindebohren
Gewindebohrer können im Gewinde abbrechen. Wenn Gewinde von Hand gebohrt werden, wird nur wenig Kühlung gebraucht. Beim Gewindebohren von Hand ist die Schmierung wichtig. Deshalb sollte je nach Werkstoff ein passendes Schneidöl verwendet werden.

- Für **Stahl** wird meistens Schneidöl verwendet.
- **Aluminium** haftet stark am Gewindebohrer. Schneidöl ist für Aluminium sehr gut geeignet.
- **Gusseisen** kann ohne Schmiermittel bearbeitet werden. Schneidöl lässt sich aus Gusseisen nicht mehr komplett entfernen. Schneidöl darf für Gusseisen nur verwendet werden, wenn das bei der Verwendung vom Werkstück nicht stört.
- **Kunststoffe** werden teilweise von Schneidöl angegriffen und lassen sich oft nicht komplett vom Schneidöl reinigen. Bei Kunststoffen funktioniert oft Wasser oder Wasser mit etwas Spülmittel gut. Bei vielen Kunststoffen ist Glycerin als Schneidöl geeignet. Glycerin kann mit Wasser abgespült werden.

Quietschende Gewindebohrer sind meist stumpf. Quietschende Gewindebohrer müssen deshalb aussortiert werden.

Angetriebene Werkzeuge zum Trennen

1 Einführung

1.1 Maschinen

Maschinen bezeichnen in diesem Buch Geräte mit Motoren. Die Geräte bewegen entweder ein Werkzeug oder ein Werkstück.
Die Motoren dienen als Antrieb. Der Antrieb kann auch vom Motor über Getriebe erfolgen.

Als Beispiel für ein Werkzeug dient hier ein Bohrer.
Ein Bohrer kann durch ein Futter mit direkter Verbindung zum Motor angetrieben werden. Das ist in vielen Akkubohrern und manchen Handbohrmaschinen so.
Der Bohrer kann auch von einem Motor über ein Getriebe angetrieben werden. Das ist in manchen Handbohrmaschinen und den meisten Tischbohrmaschinen und Säulenbohrmaschinen so.
Der Bohrer kann aber auch fest im Reitstock von einer Drehmaschine eingespannt sein. Dann wird das Werkstück vom Motor angetrieben.

1.2 Motoren

Motoren erzeugen Bewegungsenergie. Ein anderes Wort für Bewegungsenergie ist kinetische Energie.
Motoren verwandeln geeignete Energie[1] in Bewegungsenergie.
Sie verrichten dazu Arbeit.
Sie brauchen dafür zum Beispiel elektrischen Strom. Andere geeignete Energieträger sind zum Beispiel Druck von einem Gas oder einer Flüssigkeit.
Die Energie wird nur zum Teil in wirkende Arbeit verwandelt.
Wirkende Arbeit heißt Nutzenergie. Wie viel Nutzenergie der Motor abgibt, gibt der Wirkungsgrad an. Das Formelzeichen für den Wirkungsgrad ist η (Eta).
Ein (kleiner) Teil von der Energie wird als Abwärme freigegeben.
Die meisten Motoren erzeugen Drehbewegungen. Bei Drehbewegungen sind Drehmoment und Drehzahl wichtige Größen.

---

1 Geeignete Energie ist geordnet. Genauere Aussagen beschreibt die Thermodynamik.

Das **Drehmoment** gibt die Kraft von der Drehbewegung an. Die Einheit ist Newton (N) mal Meter (m), also N · m oder kurz Nm.
Die **Drehzahl** gibt die Geschwindigkeit von der Drehbewegung an.
Die Drehzahl heißt auch Umdrehungsfrequenz. Das Formelzeichen für Drehzahl ist „*n*". Sie wird meistens in Umdrehungen pro Minute angegeben. Als Einheit ist 1/min oder min^{-1} oder auch rpm und U/min häufig. Die Angabe rpm kommt vom Englischen „revolutions per minute", das heißt übersetzt: „Umdrehungen pro Minute".

Drehstrommotor
Der Drehstrommotor ist ein sehr häufiger Motor in der Metallwerkstatt.
Der Drehstrommotor hat meistens eine oder zwei feste Drehzahlen.
Die Drehzahlen hängen von der Frequenz vom Wechselstrom ab.
Die Frequenz vom Wechselstrom ist meist 50 Hz. Statt 50 Hz kann man auch 50/s schreiben. 50/s steht für 50 Schwingungen pro Sekunde.
50 Schwingungen pro Sekunde entsprechen 3000 Schwingungen pro Minute (3000/min).

Die Drehzahlen sind typischerweise etwas kleiner als die Hälfte oder ein Viertel von der Frequenz vom Wechselstrom.
Bei Ständerbohrmaschinen sind Drehzahlen von 1425/min bis 1470/min normal. Sie sind oft umschaltbar auf 712/min bis 735/min.

Drehstrommotoren verbrauchen auch im Leerlauf viel Strom. Die Säulenbohrmaschine mit Drehstrommotor verbraucht also auch dann viel Strom, wenn sie nur läuft und nicht bohrt.

Getriebe können das Verhältnis von Drehzahl und Drehmoment beeinflussen: Wenn die die Drehzahl höher wird, sinkt das Drehmoment. Umgekehrt steigt das Drehmoment, wenn die Drehzahl sinkt.

Motoren mit Bürste
Viele Motoren brauchen elektrischen Strom im Rotor. Der Rotor ist der sich drehende Teil.
Als Stromleiter für den Rotor dienen Schleifkontakte. Diese Schleifkontakte heißen auch Motorkohlen oder Bürsten. Sie bestehen hauptsächlich aus Kohlenstoff. Durch die ständige Reibung verschleißen sie. Das begrenzt die Lebensdauer der Geräte.
Ein Ersatz von den Bürsten ist meistens aber gut möglich.

Bürstenlose Gleichstrommotoren

Bürstenlose Gleichstrommotoren werden mit Gleichstrom betrieben. Der Gleichstrom wird aber mit einer speziellen Elektronik in Wechselstrom umgewandelt.
Dabei wird immer eine Frequenz passend zur gewünschten Drehzahl erzeugt. So sind Drehzahlen stufenlos einstellbar.
Oft macht die Elektronik dabei hohe, fiepende Geräusche.

Bürstenlose Gleichstrommotoren sind eigentlich Drehstrommotoren mit Wechselstrom und einer speziellen Elektronik.

Druckluftmotoren

Druckluftmotoren haben ein sehr geringes Gewicht. Das geringe Gewicht ist ein Vorteil.
Weitere Vorteile sind:
Wenn der Druckluftmotor blockiert, geht er nicht kaputt.
Druckluftmotoren können sehr schnell beschleunigen und bremsen.
Druckluftmotoren stellen keine Gefahr dar, wo explosive Stoffe sind oder Strom Störungen verursacht.

Nachteile vom Druckluftmotor sind:
Die Druckluft wird meist mit Elektromotoren erzeugt. Dadurch ist der Wirkungsgrad insgesamt sehr niedrig.
Häufig sind Druckluftmotoren sehr laut.
Es muss ein Druckluftanschluss vorhanden sein.

1.3 Sicherheitsunterweisung

Vor der ersten Benutzung von Maschinen muss über die Gefahren und den Schutz vor den Gefahren nachgedacht werden.
In den meisten Betrieben dürfen Maschinen deshalb erst nach einer Sicherheitsunterweisung benutzt werden. Bei der Sicherheitsunterweisung werden die Gefahren und der Schutz vor den Gefahren beim Umgang mit der Maschine besprochen.

In manchen Firmen wird eine schriftliche Unterweisung vorgelegt.
Eine für den Mitarbeiter nicht verständliche Sicherheitsunterweisung ist nicht erlaubt.

Die Sicherheitsunterweisung muss in einer dem Mitarbeiter verständlichen Sprache verfasst sein.[2]
Die Sicherheitsunterweisung ist selbstverständlich auch mündlich erlaubt, wenn der Mitarbeiter nicht gut lesen kann.
Eine Sicherheitsunterweisung kann auch als Video erfolgen.
Eine Sicherheitsunterweisung kann auch direkt an der Maschine erfolgen.

Merke:
Unterschreiben Sie nie eine Sicherheitsunterweisung, ohne sie vollständig verstanden zu haben!

Eine Sicherheitsunterweisung ersetzt nicht das eigene Denken. Es ist wichtig, immer selbst auf mögliche Gefahren zu achten. Es ist auch wichtig, über eine sichere Arbeitsweise nachzudenken. Es ist gut, mit anderen darüber zu reden.

2 Bohrer

2.1 Beschreibung

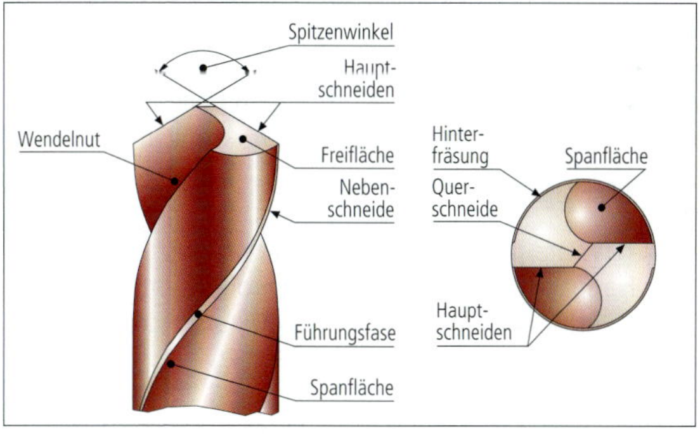

1: Bezeichnungen am Spiralbohrer

Die Werkzeuge zum Bohren heißen Bohrer. Meistens werden Spiralbohrer mit dachförmiger Spitze verwendet (Bild 1).

---

2 Kann der Mitarbeiter zum Beispiel nur Deutsch und die Sicherheitsunterweisung ist auf Russisch, geht das nicht. Selbstverständlich ist die Unterweisung auch nicht erlaubt, wenn der Mitarbeiter nur Russisch kann und die Unterweisung auf Deutsch ist.

Spiralbohrer haben meist zwei Hauptschneiden. Außer den Hauptschneiden gibt es Nebenschneiden und eine Querschneide.
Der Kopf vom Bohrer ist spitz und hat einen typischen Winkel. Der Winkel heißt Spitzenwinkel.
Beim Bohren entstehen Späne. Die Späne werden über die Wendelnuten aus dem Bohrloch herausgeführt. Die Wendelnuten heißen auch Spanfläche.

Ein Bohrer muss verschiedene Anforderungen erfüllen:

- Der Bohrer soll vorne gut schneiden. Die Schneiden vom Bohrer dürfen also nicht stumpf sein.
- Die Schneiden sollen lange scharf bleiben. In der Fachsprache heißt das „lange Scharfbleiben“: „eine lange Standzeit haben“.
- Große Bohrer sollten sich gut nachschärfen lassen.
- Der Bohrer soll ruhig laufen. Der Bohrer soll nicht schwingen. Wenn der Bohrer schwingt, heißt das auch: Rattern.
- Der Bohrer soll gerade bohren. Wenn der Bohrer nicht gerade bohrt, heißt das auch: Der Bohrer verläuft.
- Der Bohrer soll die Späne aus dem Loch heraus transportieren.

Ein Bohrer zum Bohren in Stahl muss mindestens aus HSS sein. HSS ist ein sehr fester Werkzeugstahl und verträgt Temperaturen bis 600 °C (Exkurs Schneidstoffe, Seite 116 und 117).
Beim Bohren werden durch die Reibung die Schneiden heiß.
Wenn der Bohrer mehr Wärme verträgt, kann schneller gebohrt werden.[3]

Hauptschneiden
Von vorne betrachtet hat der Spiralbohrer meistens zwei Hauptschneiden. Die Hauptschneiden bilden oben am Kopf meistens einen Winkel von 118°. Dieser Winkel heißt Spitzenwinkel. Es gibt sehr selten Spiralbohrer mit einem Spitzenwinkel von 130°.

Die Hauptschneiden entstehen durch die Wendelnuten und durch den Schliff.
Die Größe vom Keilwinkel hängt stark von der Steigung von den Nuten ab. Je steiler die Steigung von der Nut ist, desto größer ist der Keilwinkel.

---

3 Noch höhere Temperaturen vertragen Hartmetall-Bohrer. Hartmetall wird mit HM abgekürzt. Hartmetall ist ein Verbundwerkstoff und kann bis 1000 °C aushalten.

Eine Schneide für hartes Material braucht einen großen Keilwinkel. Eine Schneide mit kleinem Keilwinkel kann bei hartem Material brechen.

Der Freiwinkel entsteht beim Schliff. Ein großer Freiwinkel verringert die Reibung. Bei einem großen Freiwinkel wird aber der Keilwinkel kleiner und die Schneide bricht schneller.
Ein kleiner Freiwinkel hilft gegen Rattern. Beim Rattern beginnt der Bohrer zu schwingen. Durch Rattern wird die Bohrung sehr ungenau. Bei einem kleinen Freiwinkel muss der Bohrer etwas stärker gedrückt werden. Dann kann der Bohrer nicht schwingen. Er hat dann aber mehr Reibung.

Es gibt also nicht nur einen richtigen Schliff an den Hauptschneiden.

Die Hauptschneiden dürfen nicht zu stumpf werden. Stumpfe Hauptscheiden sind an der Kante rund. Bei einer runden Kante entsteht mehr Reibung. Mehr Reibung macht mehr Wärme. Durch große Hitze wird eine stumpfe Schneidkante noch schneller stumpf. Oft wird der Bohrer dann zu heiß und die Härtung geht verloren.
Es ist also sehr sinnvoll, Bohrer rechtzeitig nachzuschleifen.

Wendelnuten
Die Wendelnuten bilden mit dem Schliff zusammen die Hauptschneiden. Wendelnuten heißen manchmal auch Spiralnuten. Die Gestaltung von den Wendelnuten hängt von der Anwendung, dem Material und zum Beispiel der Länge vom Bohrer ab.
Sehr tiefe Wendelnuten mit viel Platz leiten Späne gut ab.
Sehr tiefe Wendelnuten machen den Bohrer weniger stabil. Bohrer können aber nicht nur wegen tiefen Wendelnuten abbrechen. Oft brechen Bohrer wegen einer verstopften Nut.
Für sehr genaue Bohrungen sind kurze Bohrer mit kleinen Wendelnuten gut geeignet. Sie haben einen dicken Kern und biegen sich wenig.
Für weiche Werkstoffe sind tiefe Wendelnuten hilfreich.

Querschneide
Zwischen den Hauptschneiden hat der Spiralbohrer eine kleine Querschneide. Die Querschneide schneidet nicht, sondern schabt.
Die Querschneide hat einen negativen Spanwinkel.
Eigentlich stört die Querschneide nur. Bei der Herstellung von Spiralbohrern muss aber auch etwas Material in der Mitte sein.

Deshalb gibt es die Querschneide.
Bei großen Bohrern wird die Querschneide oft seitlich etwas angeschliffen. Das Anschleifen nennt man Ausspitzen. Dadurch wird sie etwas kleiner und stört weniger.

Nebenschneiden

Von den Hauptschneiden ausgehend bilden die Nebenschneiden jeweils den Rand der Wendelnut. An der Ecke zu den Hauptschneiden trennen die Nebenschneiden mit den Hauptschneiden den Span vom Werkstoff. Danach schaben sie nur an der Wand vom Bohrloch.

Die Nebenschneiden müssen überall scharf sein. Bei stumpfen Nebenschneiden können sich kleine Späne zwischen Nebenschneiden und Lochwand einklemmen. Viele Kratzer in einer Bohrung kommen von den Spänen!
Beim Bohren von Kunststoffen besteht oft eher die Gefahr vom Verkanten. Beim Verkanten können scharfe Nebenschneiden das Loch beschädigen oder dünne Werkstücke hochziehen. Deshalb sind für das Bohren von Kunststoffen oft stumpfe Nebenschneiden besser.

Führungsfasen

Die Nebenschneiden bilden jeweils eine Kante der Führungsfasen.
Die Führungsfasen helfen, eine saubere und gerade Bohrung zu bekommen. Der Bohrer kann sich im Loch nicht biegen oder wackeln.
Hinter den Führungsfasen ist etwas Platz. Dadurch wird verhindert, dass dort Späne klemmen. Der Bohrer ist da hinterfräst.
Der Bohrer wird zum Schaft hin etwas dünner. Auch das hilft gegen Klemmen.

Schaft

Der Schaft ist die Verbindung zur Bohrmaschine.
Bei Bohrern bis 13 mm Durchmesser ist der Schaft meistens zylindrisch rund. Zylindrisch heißt: Der Schaft wird nicht dünner.
Sein Durchmesser bleibt gleich.
Große Bohrer haben oft einen runden Schaft mit einem dünner werdenden Durchmesser. So ein Schaft hat die Form von einem Kegel.
So ein kegelförmiger Schaft heißt Morsekegel.
Oft ist der Schaft auch sechseckig und passt in die sechseckige Aufnahme von Akkuschraubern und Akkubohrern.

Exkurs: Standbohrmaschine

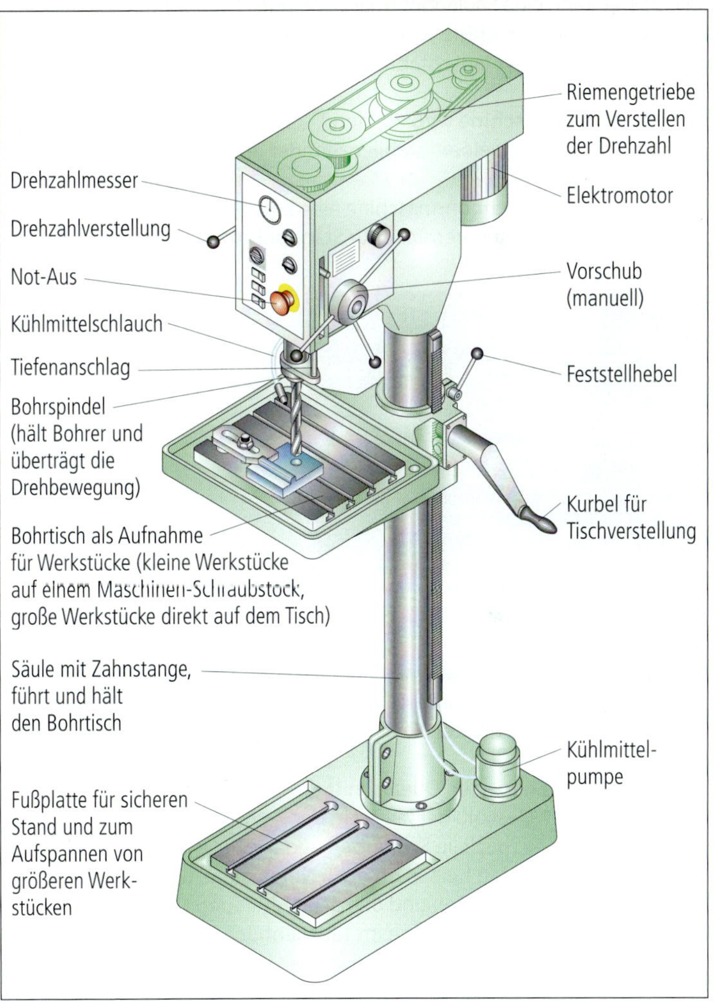

2: Standbohrmaschine

Zu einer Metallwerkstatt gehört mindestens eine Standbohrmaschine (Bild 2). Das kann eine Säulenbohrmaschine oder Tischbohrmaschine sein.
Eine **Säulenbohrmaschine** wird auf den Boden montiert. Sie besteht aus einer Bodenplatte mit einer stabilen Säule und weiteren Baugruppen an der Säule.
Eine **Tischbohrmaschine** wird auf den Tisch montiert. Sie besteht aus einer Bodenplatte mit einem stabilen Ständer und weiteren Bauteilen am Ständer.
Eigentlich ist eine Tischbohrmaschine eine kurze Säulenbohrmaschine.
Deswegen steht im weiteren Text nur Standbohrmaschine.

3: T-Nuten und Nutenstein

Die Standbohrmaschine hat einen höhenverstellbaren Bohrtisch für das Werkstück oder den Maschinenschraubstock. Der Bohrtisch hat Spann-Nuten. Mit den Spann-Nuten kann der Schraubstock oder das Werkstück befestigt werden.
Die Spann-Nuten haben im Querschnitt die Form von einem dicken umgedrehten „T". Deshalb heißen sie in der Fachsprache T-Nuten.
Für T-Nuten gibt es spezielle Schrauben und spezielle Muttern.
Die Muttern für T-Nuten heißen oft auch Nutensteine (Bild 3).
Die Größen von den T-Nuten und den Schrauben und Muttern für T-Nuten sind genormt. Sie stehen im Tabellenbuch.

Über dem Bohrtisch befindet sich die Bohrspindel. Die Bohrspindel kann in der Höhe bewegt werden. Das heißt auch: Sie ist axial beweglich.
Die Länge von der beweglichen Strecke heißt Spindelhub. Ein möglichst großer Spindelhub ist für lange Bohrungen wichtig.

In der Bohrspindel befindet sich die Aufnahme für große Bohrer und für Spannfutter (Kapitel 5.1.9, Seite 105).

Im Oberteil von der Bohrmaschine befinden sich der Motor und meistens ein Keilriemengetriebe. Bei manchen Maschinen ist dort auch ein Motor mit elektronisch einstellbarer Geschwindigkeit.
Hier wird die Drehzahl eingestellt.

2.2 Arbeiten mit Bohrern

Beim Bohren im technischen Sinn wird zerspant. Dieser Text folgt hier der Norm nach DIN.

Lasern, Brennen und Zertrümmern gehören damit nicht zum Bohren. Ein Steinbohrer in einem Bohrhammer bohrt aus dieser Sicht nicht! Begriffe in Technik und Alltag sind nicht immer gleich.
Zum Bohren zählen verschiedene Verfahren. Dazu gehören auch das Reiben, Senken und Gewindebohren. Weitere Verfahren stehen in Tabelle 4.

Verfahren	**Beschreibung**
Rundbohren	Die Bohrung ist sehr häufig und oft die erste Stufe vor anderen Bohrungen.
Durchgangs-bohrung	Die Bohrung kommt auf der Gegenseite wieder heraus.
Grundbohrung (früher: „Sackloch“)	Die Bohrung endet im Material.
Profilbohrung	Die Bohrung ist nicht zylindrisch. Sie ist oft konisch, also wie ein Kegel. Die Bohrung kann aber auch eine andere Form haben. Beispiele für Profilbohrungen sind die verschiedenen Zentrierbohrungen für Drehteile.
Kernbohren	Bei der Bohrung bleibt der Bohrkern erhalten. Der Bohrkern ist das Innere der Bohrung.

4: Bohrverfahren

In diesem Buch sollen Verfahren und Werkzeuge für Metall und Kunststoff betrachtet werden.

Spandicke und Spanabfuhr

Beim Bohren sollte ein gleichmäßiger und biegsamer Span entstehen. Eine Spandicke von ungefähr 0,05 mm bis 0,1 mm ist gut. Die **Spandicke** kann mit dem Messschieber gemessen werden.

Beim Bohren muss die **Spanabfuhr** funktionieren. Bei einer guten Spanabfuhr werden die Späne vollständig aus der Bohrung entfernt. Bei einer schlechten Spanabfuhr können Späne die Wendelnuten verstopfen.

Ein zu dicker Span zerkratzt die Bohrung von innen und kann hängen bleiben. Wenn mit zu viel Druck gebohrt wird, wird die Bohrung schief.

Ein zu dünner Span kann sich falten und die Bohrung verstopfen.

Bei einer schlechten Spanabfuhr kann es zu schweren Schäden am Werkstück und am Bohrer kommen. Auf jeden Fall wird die Oberfläche vom Werkstück schlechter.

- Die Spanabfuhr ist gut, wenn aus beiden Wendelnuten gleichmäßig Span abfließt.
- Die Spanabfuhr ist nicht gut, wenn aus einer Wendelnut nur ab und zu Span kommt. Der Bohrer sollte dann kontrolliert und bei Verstopfung gereinigt werden.
- Die Spanabfuhr ist schlecht, wenn aus einer Wendelnut kein Span abfließt. Dann muss der Bohrer aus der Bohrung gezogen werden. Die Wendelnuten müssen gereinigt werden. Danach kann weiter gebohrt werden.

Morsekegel

Morsekegel (Bild 5) sind kegelförmige Werkzeuge zum Spannen von Bohrern in der Werkzeugaufnahme. Die meisten Morsekegel haben hinten ein flaches Stück, den Austreiblappen. Hiermit lässt sich der Bohrer aus der Aufnahme drücken. Morsekegel sind nach ihrem Erfinder Steffen Morse benannt.

5: Morsekegel, Bohrfutter und Bohrer

Morsekegel gibt es in verschiedenen Größen. Die Steigung ist bei den verschiedenen Größen leicht unterschiedlich.[4] Es gibt auch Adapter, mit denen sich Schäfte mit kleinerem Morsekegel in größere Werkzeugaufnahmen einsetzen lassen.

In den meisten Standbohrmaschinen steckt das Bohrfutter mit einem Morsekegel in der Bohrmaschine. Das Bohrfutter kann herausgenommen werden. Bohrer mit einem Morsekegel als Schaft können dann direkt in die Aufnahme gesteckt werden.

2.3 Rundbohren

Das Rundbohren ist ein sehr häufiges Bohrverfahren. Das Ziel vom Rundbohren ist eine runde Bohrung mit gleichbleibendem Durchmesser. Das Ziel ist also eine **zylindrische Bohrung**.

Aus technischen Gründen haben Bohrer meistens eine Spitze.
Mit der Spitze zentriert der Bohrer sich selbst. Er bleibt in der Mitte von der Bohrung. Die Spitze vom Bohrer hilft also, dass die Bohrung gerade läuft und nicht verläuft. Beim Verlaufen bohrt der Bohrer nicht gerade.

4 Es gibt für die verschiedenen Steigungen keinen vernünftigen Grund.

Exkurs: Bohrer oder Bohrfutter mit Morsekegel wechseln

Vorbereitung

- Austreibkeil bereitlegen.
  Der Austreibkeil ist ein besonderer Keil aus Stahl. Mit ihm wird der Morsekegel gelöst.
- Einen Hammer bereitlegen.
  Der Austreibkeil wird mit einem Hammer geschlagen. Der Austreibkeil ist gehärtet. Deshalb ist ein Schonhammer mit Aluminiumkopf oder Kupferkopf am besten.
- Die Bohrmaschine ausschalten und den Notausschalter drücken.
- Auf den Bohrtisch ein weiches Brett legen. Falls etwas herunterfällt, kann es nicht kaputt gehen.

Durchführung

- Die Spindel herunter drehen.
  In der Spindel werden eine Nut und das drehbare Innere sichtbar.
- Am Bohrer oder an der Spindel drehen, bis ein Langloch erscheint.
- Den Austreibkeil durch das Langloch stecken.
- Den Bohrer oder das Bohrfutter halten und den Austreibkeil leicht mit dem Hammer schlagen.
- Das Bohrfutter oder den Bohrer herausnehmen und ablegen.
- Wenn nötig, die Aufnahme reinigen.
- Den Austreibkeil herausnehmen.
- Den neuen Morsekegel leicht hineinstecken und drehen, bis der Austreiblappen in das Langloch rutscht.
- Die Kegelverbindung zusammendrücken. Dazu kann das weiche Brett benutzt werden.

Bohren ohne Spitze ist möglich. Für das Bohren ohne Spitze sind sehr steife Maschinen nötig. Die Bohrer sind möglichst kurz. Schaftfräser auf Fräsmaschinen bohren zum Beispiel ohne Spitze.
Kurze Bohrer und Fräser biegen sich weniger. Kurze Bohrer und Fräser verlaufen damit weniger.

Der erste Schritt beim Rundbohren ist das **Anbohren**. Das Anbohren bestimmt, wie gut die Bohrung wird.

- Mit dem laufenden Bohrer bis kurz über die Körnung runter gehen.
  Der Bohrer soll sich drehen und nicht stillstehen.

- Das Werkstück genau passend schieben. Auch von der Seite gucken.
- Darauf achten, ob der Bohrer sich beim Berühren etwas verschiebt. Wenn der Bohrer sich verschiebt, ist er nicht genau über der Körnung.
- Wenn der Bohrer genau über der Körnung ist, „fängt" die Körnung den Bohrer. Der Bohrer geht genau und gerade in das Werkstück.

Bei weichen Kunststoffen oder Weichmetallen wirkt die Körnung kaum. Hier sind zum Teil Holzbohrer mit Zentrierspitze besser als Spiralbohrer geeignet.

Das Treffen von der Körnung ist nicht immer ganz leicht. Es sollte also geübt werden.

Zum Rundbohren gehören unter anderem das Bohren ins Volle und das Aufbohren.

2.3.1 Bohren ins Volle

Beim Bohren ins Volle ist noch kein Loch vorgebohrt. Das Bohren ins Volle ist die häufigste Art zu bohren. Bohren ins Volle bereitet oft auch weitere Arten vom Bohren vor.

Ins Volle wird üblicherweise bis zu einem Durchmesser von 12 mm gebohrt.

Bohren ins Volle mit Spiralbohrer und Standbohrmaschine
Die Bohrung wird zuerst angerissen oder angezeichnet.

Die Bohrung wird gekörnt. Die Körnung hilft dem Bohrer, genau an der richtigen Stelle zu bohren. Die Bohrung muss oft auf 0,1 mm genau sein. Das ist nur mit einer Körnung sicher erreichbar.

Beim Bohren ins Volle mit einem Spiralbohrer und einer Standbohrmaschine wird das Werkstück im Maschinenschraubstock eingespannt oder direkt auf dem Bohrtisch befestigt.

Wenn ein Durchmesser von mehr als 10 mm gebohrt wird, muss der Schraubstock mit einer Schraube gesichert werden.

Beim Bohren drückt sich die Querschneide in die Körnung und der Bohrer kann in das Werkstück eindringen.

Manchmal soll die Bohrung durch das Werkstück durchgehen. Der Schraubstock oder Tisch soll dabei nicht gebohrt werden. Deshalb muss unter der Bohrung Platz für den Bohrer sein. Als Platz kann zum Beispiel ein Holzstück dienen.

Unter Bleche und weiche Werkstücke kann ein Holz gelegt werden, damit sie sich nicht verbiegen.

Bohren ins Volle mit der Drehmaschine
Beim axialen Bohren mit der Drehmaschine wird längs durch das Werkstück gebohrt. Dabei dreht sich das Werkstück und der Bohrer dreht sich nicht.[5]

Vor dem Bohren in der Drehmaschine wird nicht gekörnt. Der Bohrer braucht aber einen Punkt, um sich zu fangen und nicht zu verlaufen. Dafür gibt es sogenannte Zentrierbohrer. Dies sind spezielle Bohrer, die sich selbst in die Mitte ziehen. Sie zentrieren sich also.

Der Zentrierbohrer ist im Prinzip ein kleiner kurzer Bohrer mit einem Kegelsenker dahinter. Er macht eine kurze Bohrung und dahinter eine schräge Senkung. Der Winkel der Senkung ist 60° groß.[6]

Das Werkstück ist in der Drehmaschine fast immer mittig eingespannt. Die Mittelachse vom Werkstück ist die Drehachse. Deshalb bohrt die Drehmaschine axial und in der Mitte.

Die Bohrung ist sehr genau mittig, wenn das Werkstück auf der Drehmaschine rund gedreht wird und in einer Aufspannung gebohrt wird. In einer Aufspannung heißt: Das Werkstück wird zwischen dem Drehen und Bohren nicht aus dem Futter genommen.

---

5 Das sollte jedenfalls so sein. Es gibt Drehmaschinen mit angetriebenen Bohrern. Das sind letztendlich aber Bohrmaschinen in einer Drehmaschine.

6 Das gilt alles für Zentrierbohrer Form A. Form B und C haben eine weitere kleine Stufe. Vielleicht gibt es in der Werkstatt auch Zentrierbohrer mit gerundeter Senkung, Form R. Die werden für das „Drehen zwischen Spitzen mit verschobenem Reitstock" gebraucht. Dafür ist das Buch hier zu klein. Mit diesem Stichwort finden Sie aber Beispiele im Internet oder in Büchern für Zerspaner.

Bei dieser Vorgehensweise sind Genauigkeiten von 0,01 mm gut erreichbar. So genau kann niemand körnen.

Auf der Drehmaschine können größere Durchmesser als auf der Bohrmaschine ins Volle gebohrt werden.

Drehzahl beim Bohren ins Volle

Das Tabellenbuch nennt für verschiedene Materialien verschiedene Schnittgeschwindigkeiten (v_c). Auch die Hersteller von Bohrern nennen Schnittgeschwindigkeiten. Mit der Schnittgeschwindigkeit lässt sich die Drehzahl (n) ausrechnen (Kapitel 1.2, Seite 73).

Zum Ausrechnen von der Drehzahl gibt es eine Formel:

$$n = \frac{v_c}{(d \cdot \pi)}$$

n = Umdrehungsfrequenz in 1/min
v_c = Schnittgeschwindigkeit in mm/min
d = Durchmesser in mm
π = Kreiszahl („Pi“) = 3,14…

Die folgenden Drehzahlen für verschiedene Werkstoffe sind grobe Richtwerte. Diese Drehzahlen haben sich bei alten Bohrmaschinen und typischen Materialien in Prüfungen bewährt.
Die Bohrer sind aus HSS (Exkurs Schneidstoffe, Seite 116 und 117).
Je kleiner der Bohrer ist, umso höher die Drehzahl.

Für **Baustahl** ist eine Schnittgeschwindigkeit von 31,5 m/min zu empfehlen. Das sind 31 500 mm/min.

Die Drehzahl für einen Bohrer mit Durchmesser 10 mm ist dann ungefähr 1000/min:

$$n = \frac{v_c}{(d \cdot \pi)} = \frac{31\,500\ \text{mm/min}}{(10\ \text{mm} \cdot 3{,}14)} = 1000/\text{min}$$

Ein Bohrer mit Durchmesser 5 mm darf doppelt so schnell drehen, weil er halb so groß ist:

$$n = \frac{v_c}{(d \cdot \pi)} = \frac{31\,500\ \text{mm/min}}{(5\ \text{mm} \cdot 3{,}14)} = 2000/\text{min}$$

So lassen sich grob Drehzahlen ermitteln. Für viele Zwecke reicht das schon.

Die eingestellte Drehzahl muss beim Anwenden überprüft werden.
Die Drehzahl ist zu hoch, wenn der Span sich verfärbt, also dunkel oder blau wird.
Die Drehzahl kann erhöht werden, wenn der Span sich nicht färbt.

Für **thermoplastische Kunststoffe** sind ähnliche Werte wie beim Baustahl sinnvoll.

Für **Aluminium** sind im Vergleich zu Baustahl doppelte Drehzahlen empfehlenswert.

2.3.2 Aufbohren

Bei sehr harten Werkstoffen mit Durchmessern von mehr als ungefähr 12 mm[7] ist oft ein Aufbohren nötig. Vorm Aufbohren ist immer **Vorbohren** nötig. Die benötigten Kräfte werden ohne Vorbohren zu hoch.

Oft wird mit normalen **Spiralbohrern** aufgebohrt. Der Durchmesser vom Bohrer zum Vorbohren sollte dabei etwas kleiner als die Querschneide vom Bohrer zum Aufbohren sein. Bei zu großem Durchmesser vom Vorbohrer kann das Aufbohren ungenau werden und rattern.

Manchmal wird für das Aufbohren ein spezieller **Aufbohrer** verwendet. Mit einem Aufbohrer lassen sich sehr gute Oberflächen und Genauigkeiten erreichen.
Solche sogenannten Aufbohrer haben oft drei Wendelnuten, drei Hauptschneiden und keine Querschneide. Diese Aufbohrer haben oft in der Mitte eine Bohrung für Kühlschmiermittel. Mit dem Kühlschmiermittel kann das Bohrloch bei passenden Maschinen von innen gekühlt und geschmiert werden.
Der Durchmesser von dem Vorbohrer muss für diese Aufbohrer mindestens halb so groß wie der Durchmesser vom Aufbohrer sein. Durchmesser von 50 % bis 70 % von der zweiten Bohrung sind für Aufbohrer als Vorbohrung üblich. Dies ist anders als bei Spiralbohrern.

7 Das kann in verschiedenen Werkstätten und an verschiedenen Maschinen unterschiedlich sein.

2.3.3 Kühlung und Schmierung beim Bohren

Eine Kühlung oder Schmierung ist erst bei tieferen Bohrungen sinnvoll.

Beim Bohren in **Baustahl** kann der Bohrer sehr heiß werden. Die Kühlung ist also wichtiger als die Schmierung. Ein Kühlschmiermittel mit einem hohen Wasseranteil ist geeignet.

Bei **thermoplastischen Kunststoffen** kann der Span bei zu hohen Drehzahlen schmelzen. Dann muss der Bohrer sofort aus der Bohrung gezogen werden und abkühlen.
Eine Kühlung mit Wasser hilft gegen das Schmelzen. In das Wasser kann etwas Spülmittel gemischt werden. Eine Kühlung mit Druckluft hilft auch oft. Ölhaltige Mittel können manche thermoplastische Kunststoffe schädigen.

Bei **Aluminium** kann sich bei zu niedrigen Drehzahlen Aluminium auf dem Bohrer ablagern und eine feste Schicht bilden. Diese Ablagerung heißt Aufbauschneide.
Die Aufbauschneide kann durch Schmieren mit etwas Öl verhindert werden. Als Öle passen zum Beispiel gereinigtes Mineralöl oder Babyöl.

2.4 Typen von Spiralbohrern

Der Spiralbohrer ist der häufigste Bohrer. Es gibt für verschiedene Werkstoffe unterschiedliche Typen von Spiralbohrern (Bild 6).

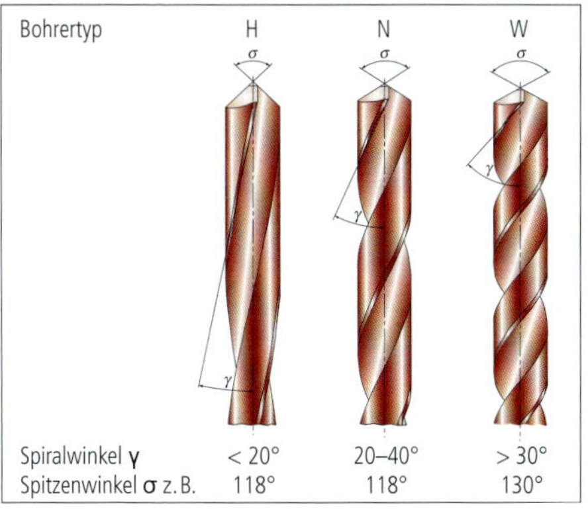

6: Typen von Spiralbohrern für unterschiedliche Werkstoffe

Spiralbohrer Typ H
Spiralbohrer Typ H eignen sich besonders für **harte Werkstoffe**.

Bei harten Werkstoffen wird ein großer Keilwinkel gebraucht. Bei einem großen Keilwinkel ist die Nut steil gewendelt. Eine steil gewendelte Nut hat einen kleinen Spiralwinkel. Eine steil gewendelte Nut führt Späne nur langsam ab.

Eine steil gewendelte Nut zieht nicht so stark am Werkstück wie eine stark gewendelte Nut.
Deshalb ist eine steil gewendelte Nut auch für Bleche und vor allem elastische Kunststoffe gut. Eine steil gewendelte Nut verringert das Risiko, Werkstücke aus der Halterung zu ziehen. Sie verringert auch das Risiko, dünne Werkstücke hochzuziehen und zu beschädigen.

Spiralbohrer Typ H eignen sich für harte und spröde Werkstoffe wie Werkzeugstahl, Gusseisen und Zinkdruckgussteile.

Spiralbohrer Typ H eignen sich außerdem gut für Schichtwerkstoffe, Bleche und dünne Tafeln und für spröde Kunststoffe. Spröde Kunststoffe sind zum Beispiel Polystyrol (PS) und Polymethylmethacrylat (PMMA, auch als Plexiglas bekannt).

Spiralbohrer Typ H eignen sich auch gut für elastische Kunststoffe. Beispiele für recht elastische Kunststoffe sind die Kunststoffe Polyethylen (PE) und Polypropylen (PP).
Spiralbohrer Typ H eignen sich also auch gut für die meisten Kunststoffe.

Spiralbohrer Typ N
Spiralbohrer Typ N eignen sich für **„normale" Werkstoffe**.

Bei „normalen" Werkstoffen wird ein mittlerer Keilwinkel gebraucht. Bei einem mittleren Keilwinkel ist die Nut normal gewendelt. Eine normal gewendelte Nut führt mehr Späne ab als eine steil gewendelte Nut.

Sehr gute HS-Stähle ermöglichen bei Spiralbohrern Typ N mit relativ steiler Wendelung einen kleineren Keilwinkel, als er früher üblich war.

„Normale Werkstoffe“ ist eine sehr ungenaue Angabe. Hier sollen weiche Stähle, Aluminium und Kupferlegierungen dazu zählen.

Mit dem Spiralbohrer Typ N lassen sich auch gut härtere Kunststoffe wie Polyamid (PA) bohren.

Spiralbohrer Typ W

Spiralbohrer Typ W sind nur für **weiche Werkstoffe** geeignet. Bei harten Werkstoffen bricht ihr Schneidkeil.

Bei weichen Werkstoffen wird nur ein kleiner Keilwinkel gebraucht. Bei einem kleinen Keilwinkel ist die Nut stark gewendelt. Eine stark gewendelte Nut transportiert Späne sehr gut ab.

Stark gewendelte Nuten können wie Schrauben wirken und stark am Werkstück ziehen.

Spiralbohrer Typ W eignen sich gut für Aluminium.

Spiralbohrer Typ W eignen sich nicht für weiche Kunststoffe. Spiralbohrer Typ W können sich in weiche Kunststoffe wie eine Schraube hineinziehen, statt rund zu bohren.

Vergleich Spiralbohrer Typ H, Typ N und Typ W

	Typ H	**Typ N**	**Typ W**
Wendelung	steil	normal	stark
Spiralwinkel	< 20°	20°–40° [8]	> 30° [8]
Spitzenwinkel	Meist 118°	Meist 118°	Meist 130°

7: Vergleich Spiralbohrer Typ H, W und N

Automatisierte Maschinen brauchen sehr zuverlässige Bohrer. An ihnen ist ja vielleicht gerade kein Mensch, der Fehler früh erkennt.

8 Ein Spiralbohrer mit einem Winkel zwischen 30° und 40° wird je nach Hersteller als Typ W oder Typ N verkauft.

Deshalb gibt es zunehmend Mischformen und Sonderformen von Spiralbohrertypen.
Prüfungsfragen nach den Winkeln sind nicht mehr sinnvoll, kommen aber leider immer noch vor.

Werkstatthinweise

- Werkstücke oder Schraubstöcke können herunterfallen. Beim Bohren sind deshalb Sicherheitsschuhe Pflicht.
- Drehbewegungen können lange Haare oder Schnüre und Ähnliches erfassen. Beim Bohren muss deshalb enganliegende Kleidung getragen werden. Schnüre aller Art gehören nicht an die Werkstattkleidung. Lange Haare sollten als kurzer Zopf getragen werden. Kappen können Haare sichern und vor Spänen in den Haaren schützen. Beim Arbeiten an rotierenden Maschinen dürfen keine Handschuhe getragen werden!
- Beim Bohren entstehen Späne. Späne können in die Augen fliegen. Beim Bohren muss deshalb eine Schutzbrille getragen werden. Sie sollte wenig Lücken lassen.
- Späne können Verletzungen verursachen. Beim Bohren muss deshalb Kleidung mit enganliegenden Ärmeln und eine lange Hose aus dichtem Stoff getragen werden.
- Späne können aus den Haaren oder von der Stirn in die Augen fallen. Späne können mit der Hand ins Auge gelangen. Nach dem Bohren sollten Späne aus den Haaren, von der Stirn und von den Händen entfernt werden.
- Beim Bohren können sich Spanknäuel oder sehr lange Späne bilden. In diesen Fällen muss das Bohren unterbrochen werden. Späne sollten auch deshalb nach dem Bohren aufgefegt werden.
- Die Bohrmaschine sollte nicht zu hoch aufgestellt sein.
- Der Bohrer kann das Werkstück plötzlich mitdrehen. Das Werkstück muss deshalb sicher eingespannt oder aufgespannt werden.
- Kühlmittel und Schmiermittel können die Haut schädigen. Beim Bohren sollte möglichst unschädliche Kühlung/Schmierung verwendet werden. Kühlschmiermittel sollten unbedingt möglichst bald abgespült werden. Verschiedene Schmiermittel erfordern

verschiedenen Hautschutz. Ein gereinigtes Mineralöl schadet der Haut kaum.[9]

- Die Bohrmaschine muss sicher sein. Es dürfen zum Beispiel keine Kabel defekt sein. Der Notausschalter muss funktionieren und erreichbar sein. Die Bohrmaschine muss deshalb vor der Nutzung auf offensichtliche Mängel und regelmäßig auf Sicherheitsfunktionen wie Notaus überprüft werden.
- Sorgen Sie an der und um die Maschine für Ordnung und Sauberkeit.
- Sie müssen befähigt sein, an der Maschine zu arbeiten.
- Fragen Sie nach, wenn Sie sich im Umgang mit der Maschine nicht sicher fühlen.
- Gehen Sie nie an Maschinen, wenn Sie übermüdet sind oder sich krank fühlen.

3 Reiben

Reiben ist ein Bohrverfahren für sehr glatte Oberflächen und sehr genaue Maße.

3.1 Beschreibung

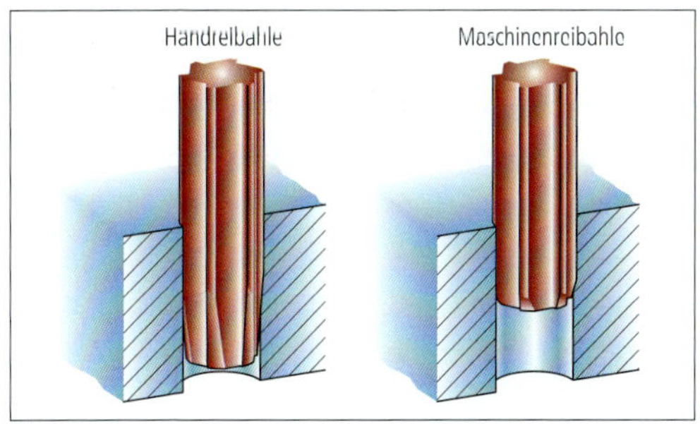

8: Handreibahle und Maschinenreibahle

Beim Reiben wird nicht geschnitten, sondern geschabt. Der Spanwinkel der Schneiden ist also negativ.

9 Pflegeöl aus der Babyabteilung ist ein gutes, preisgünstiges Öl. Es schmiert wunderbar bei Aluminium und Kupferlegierungen. An das Parfum im Babyöl gewöhnt man sich irgendwann.

Grundsätzlich werden Handreibahlen und Maschinenreibahlen unterschieden (Bild 8). Meist wird mit Maschinenreibahlen gerieben.

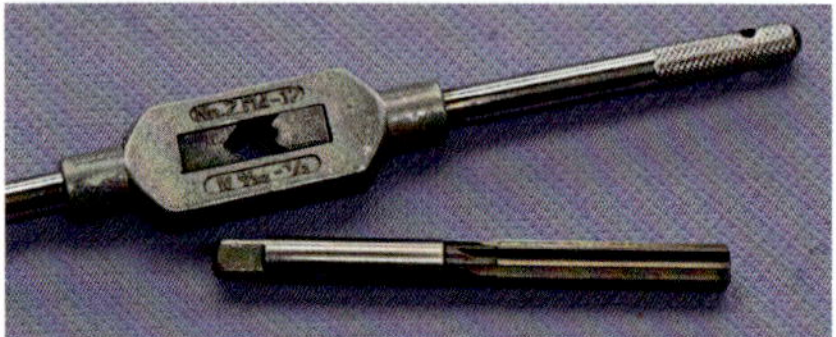

9: Handreibahle und Windeisen

Handreibahlen haben hinten einen Vierkant. Der Vierkant ist für das Windeisen (Bild 9). Mit dem Windeisen wird die Handreibahle angetrieben.

Handreibahlen haben einen recht langen Anschnitt. Im Anschnitt sind sie etwas dünner als der Bohrungsdurchmesser. Der Anschnitt kann ungefähr 0,2-mal so lang wie die Schneidenlänge sein. 0,2 mal ist ein Fünftel.

Bei Durchgangsbohrungen muss die Reibahle also recht weit durch die Rückseite durch. Erst dann ist die Bohrung auf Maß gerieben.

Maschinenreibahlen haben keinen Vierkant. Ihr Anschnitt ist viel kürzer als bei Handreibahlen.

Ungleiche Teilung

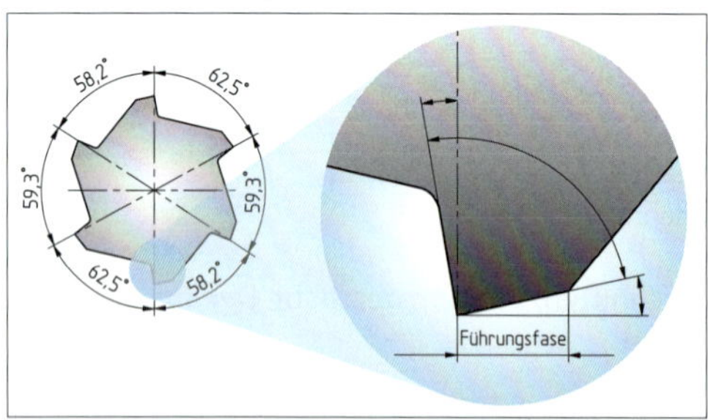

10: Ungleiche Teilung der Schneiden bei einer Reibahle

Bei Reibahlen ist eine ungleiche Teilung (Bild 10) üblich. Bei einer ungleichen Teilung sind die Schneiden nicht gleichmäßig über den Umfang verteilt.

Bei einer Reibahle mit zum Beispiel sechs Schneiden wären bei einer gleichen Teilung die Winkel zwischen den Schneiden alle 60° groß.[10] Bei einer ungleichen Teilung sind die Winkel zum Beispiel 58° und 60° und 62° groß.

Die ungleiche Teilung hilft gegen das sogenannte Rattern.[11]

Reibahlen können auch nach ihren Nuten unterschieden werden. Nuten sind die Vertiefungen zwischen den Schneiden (Abb. 11 und Tab. 12).

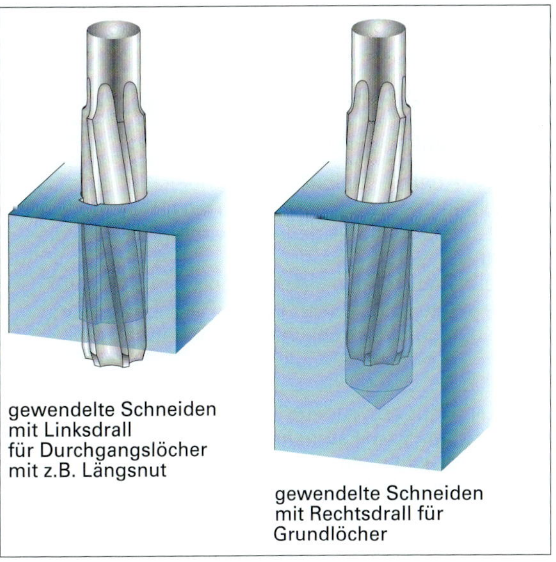

11: Reibahlen mit gewendelten Schneiden

10 Ein Kreis hat 360°. 360°: 6 = 60°.

11 Im Alltag begegnet einem das erstaunlich häufig. Das Profil von einem Autoreifen hat verschieden breite Erhebungen. Ein Traktorreifen und auch manche Mountainbikereifen sind hörbar gleichmäßig geteilt.

Gerade genutete Reibahlen
Gerade genutete Reibahlen haben einen kurzen Anschnitt. Beim Reiben sammeln sich die Späne in den Nuten. Gerade genutete Reibahlen eignen sich nur für kurze Löcher, weil in die Nuten nur eine begrenzte Menge Späne passt. Gerade genutete Reibahlen werden oft für Grundlöcher verwendet. Beim Reiben von Grundlöchern sind Späne vor der Reibahle im Weg. Wenn die Späne sich in den Nuten sammeln, stören sie nicht. Gerade genutete Reiben rattern eher als schräg genutete Reibahlen. Rattern erzeugt ungleichmäßige Flächen.
Links gewendelte Reibahlen (Bild 11 links)
Die Nuten sind genau anders herum als beim Spiralbohrer gewendelt. Links gewendelte Reibahlen schieben die Späne vor sich her. Wenn beim Reiben Öl auf die Reibahle gegeben wird, spült das die Späne nach vorne aus. Das Öl fließt am besten, wenn von oben nach unten gerieben wird. Auf der Säulenbohrmaschine wird zum Beispiel von oben nach unten gerieben. Links gewendelte Reibahlen sind für Durchgangslöcher gut.
Rechts gewendelte Reibahlen (Bild 11 rechts)
Die Nuten sind genau wie beim Spiralbohrer gewendelt. Rechts gewendelte Reibahlen fördern die Späne nach hinten. Wenn beim Reiben Öl auf die Reibahle gegeben wird, wird es wie die Späne nach hinten transportiert. Rechts gewendelte Reibahlen können auf Drehbänken gut sein. Auf Drehbänken fallen die Späne nicht in das Loch. Auf Drehbänken sind rechts gewendelte Reibahlen mit Innenkühlung sehr gut.
Schälreibahlen
Schälreibahlen sind stark links gewendelte Reibahlen mit tiefen Nuten. Schälreibahlen können mehr Späne aufnehmen und transportieren als „normal" links gewendelte Reibahlen. Schälreibahlen sind besonders beliebt zum Reiben von Kegellöchern. Kegellöcher sind konische Löcher. Wenn ein vorher zylindrisches Loch zu einem konischen Loch gerieben wird, entstehen viele Späne.
Verstellbare Reibahlen
Verstellbare Reibahlen haben Schneiden, die leicht gebogen werden und dadurch verstellbar sind.

12: Reibahlen mit unterschiedlichen Nuten

Rundreiben
Rundreiben gehört zum Rundbohren. Beim Rundreiben wird die Bohrung nur um wenige Zehntel mm vergrößert.
Kegelreiben
Kegelreiben gehört zum Profilbohren. Beim Kegelreiben wird die Bohrung im Bereich mit dem großen Durchmesser um einige Millimeter vergrößert.

13: Reibverfahren

3.2 Arbeiten mit Reibahlen

Die Schnittgeschwindigkeit von Reibahlen ist bei sehr gleichmäßig und gerade laufenden Bohrmaschinen ungefähr halb so hoch wie beim Bohren.[12]

Beim Reiben wird reichlich Öl verwendet. Bei Durchgangslöchern soll das Öl die Späne vor der Reibahle ausspülen.

Die Reibahle muss sich auch beim Rückweg aus der Bohrung weiter vorwärts drehen. Die Reibahle wird langsam zurückgezogen. Durch das langsame Zurückziehen und durch die Drehung klemmen keine Späne.

Vor dem Reiben sollte das Werkstück entgratet werden. Bei Durchgangslöchern sollte das Werkstück auf beiden Seiten entgratet werden.

4 Senken

4.1 Beschreibung

Mit einem Senker werden Bohrlöcher gesenkt. Es gibt verschiedene Senker für verschiedene Anwendungen.

12 Wenn die Reibahle unrund läuft, kann man im Notfall den Maschinenschraubstock auf dem sehr sauberen geölten Bohrmaschinentisch mit der unrunden Bewegung mitwandern lassen. Dazu muss sehr langsam gerieben werden.

Kegelsenker

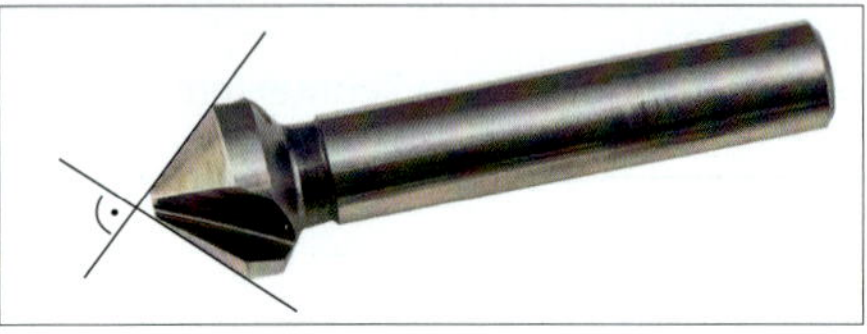

14: Kegelsenker 90°

Bei Kegelsenkern wird der Winkel von der Spitze angegeben. Üblich sind Kegelsenker mit Winkeln von 90° (Bild 14) oder 60°.

Kegelsenker für metallische Werkstoffe haben meistens drei Schneiden.

Kegelsenker haben vorn eine stumpfe Spitze. Kegelsenker können deshalb nur in ausreichend groß gebohrte Bohrlöcher bohren.

Kegelsenker haben einen Freiwinkel von 0°.[13] Kegelsenker reiben deshalb mit der Freifläche auf dem Werkstück. Durch diese Reibung entsteht schnell Wärme.

Kegelsenker funktionieren nur dann gut, wenn sie sehr scharf sind. Kegelsenker dürfen nur an der Spanfläche geschärft werden. Rechtzeitiges Schärfen hilft sehr.

Kegelsenker sind recht teuer. Der Preis liegt auch am teuren Werkstoff, zum Beispiel ein sehr guter HSS oder ein Hartmetall (Exkurs Schneidstoffe, Seite 116 und 117). Es ist sinnvoll, mit einem möglichst kleinen Senker zu arbeiten. Kleine Senker sind billiger.[14]

Querlochsenker

Querlochsenker (Bild 15, Seite 99) haben eine schräge Bohrung durch den Kegel. Die Kante von der Bohrung dient als Schneide. Dieses Loch im Senker zieht sich über verschiedene Durchmesser vom Kegel hinweg. Darum hat die Schneide auch keinen eindeutig bestimmten Winkel.

---

13 Vielleicht ist das Wort Freiwinkel bei 0° nicht sinnvoll, aber es gibt kein anderes Wort.

14 Am günstigsten sind die Senker mit Sechskantaufnahme für Akkuschrauber. Sie können mit einem Bithalter auch gut als Handsenker verwendet werden.

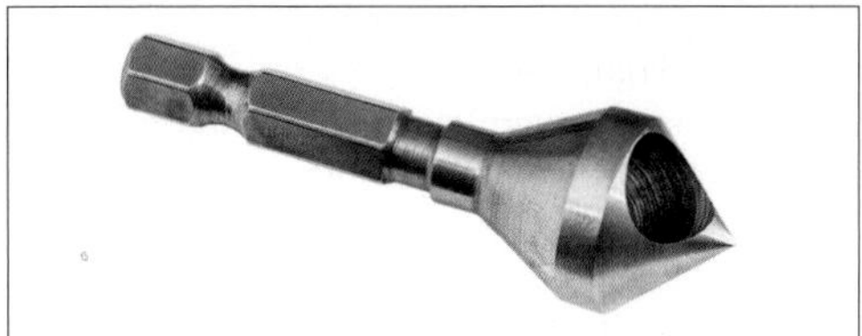

15: Querlochsenker mit Sechskantschaft für Bithalter

Durch das Loch kommen Späne gut aus der Bohrung heraus.

Querlochsenker eignen sich sehr gut für weiche Materialien.

Querlochsenker haben eine scharfe Spitze. Mit der Spitze ist das Senken in Holz ohne Vorbohren möglich.

4.2 Arbeiten mit Senkern

Kegelsenker

Mit dem Kegelsenker wird der Rand einer Bohrung bearbeitet.

Eine Aufgabe vom Kegelsenker ist das Entgraten. Beim Entgraten werden scharfe Kanten beseitigt.
Beim Entgraten sollte der Senker 0,2 mm bis 0,4 mm abtragen. Die Bearbeitung ist sichtbar, aber nicht auffällig. Beim Prüfen mit der Fingerspitze fühlt sich die Kante stumpf an.

Eine weitere Aufgabe vom Kegelsenker ist das Anfasen. Beim Anfasen entsteht eine sichtbare gerade Fläche. Der Winkel von der Fläche ist meistens 45°.

Die dritte Aufgabe vom Kegelsenker ist das Kegelsenken.
Das Kegelsenken wird meistens für Senkschrauben genutzt.
Für eine 45°-Fase wird ein 90°-Senker verwendet. Das liegt daran, dass ein 90°-Senker zur Achse auf beiden Seiten 45° hat. Eine 90-Senkung hat also 45°-Fasen.
Für eine 30°-Fase wird entsprechend ein 60°-Senker verwendet.
60°-Senkungen werden auch für das Spannen von Drehteilen mit einer Zentrierspitze gebraucht (Kapitel 5.2.2, Seite 109 und 110). 60°-Senkungen sind auch für Innengewinde gut.

Es gibt Unterschiede zwischen Kegelsenken und Fasen.
Senkungen haben eine technische Funktion.
Fasen haben eine optische Funktion oder vermeiden scharfe Kanten.
Fasen müssen weniger genau als Senkungen ausgeführt sein.[15]

Flachsenker
Der Flachsenker erzeugt eine Stufe in der Bohrung. Die Stufe ist zylindrisch. Die Stufe ist also rund mit einem flachen Ende. Die Stufe dient oft als Platz für zylindrische Schraubenköpfe.

Beim Flachsenken entsteht eine scharfe Kante. Die Kante muss entgratet werden.

Plansenker
Mit einem Plansenker lassen sich ebene Flächen senken. Ein anderes Wort für eben ist plan.

Schraubverbindungen sind nur mit tragfähigen und glatten Flächen zuverlässig. Die Flächen müssen im rechten Winkel zur Schraube sein. Die Flächen müssen plan sein.

5 Drehmaschine

Drehen ist ein maschinelles spanendes Fertigungsverfahren. Zum Drehen gehört eine Drehmaschine.

Konventionelle Drehmaschinen funktionieren mechanisch. Andere Drehmaschinen haben eine Computersteuerung. Sie sind CNC-gesteuert. Die Funktionsweise von den verschiedenen Drehmaschinen ist ähnlich. Hier werden konventionelle Drehmaschinen (Bild 16, Seite 101) beschrieben.

5.1 Beschreibung

Eine Drehmaschine besteht aus Einzelteilen und Baugruppen. Die Einzelteile und Baugruppen haben verschiedene Aufgaben. Die Baugruppen bestehen wiederum aus Einzelteilen.

15 Das wird in der Bemaßung und in den Allgemeintoleranzen sichtbar.

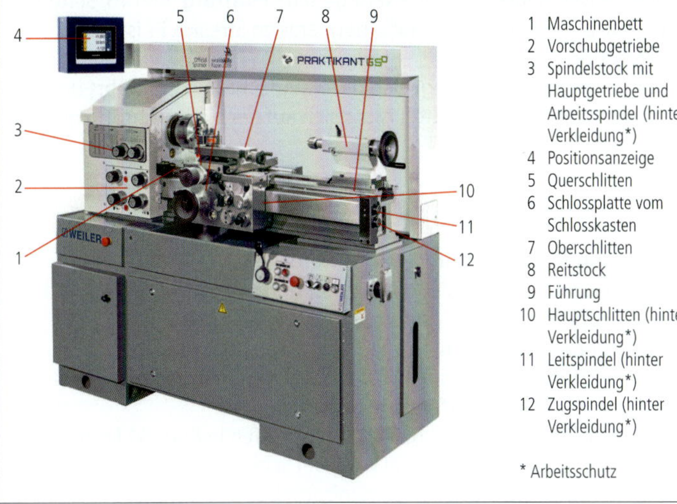

16: Konventionelle Drehmaschine

5.1.1 Maschinenbett

Das **Maschinenbett** (Bild 16, Position 1) verbindet Einzelteile und Baugruppen miteinander. Das Maschinenbett heißt auch Maschinengestell.

Das Maschinenbett muss beim Drehen hohe Kräfte aushalten. Das Maschinenbett muss deshalb sehr steif sein. Das Maschinenbett sollte außerdem Schwingungen dämpfen. Das Maschinenbett muss dafür aus einem geeigneten Material bestehen.

Geeignete Materialien für das Maschinenbett sind Gusseisen und Gussstahl.
Gusseisen dämpft gut Schwingungen und hat gute Notlaufeigenschaften.
Gute Notlaufeigenschaften heißt hier: Das Maschinenbett funktioniert auch, wenn die Schmierung kurz fehlt.
Gussstahl kann gehärtet werden. Gehärtete Oberflächen behalten lange ihre genaue Maße.

Auf dem Maschinenbett ist eine sehr genaue **Führung** (Bild 16, Seite 101, Position 9). Die Führung läuft auf einer geraden Strecke. Es ist eine Linearführung.
Auf der Linearführung bewegt sich der Hauptschlitten und führt den Drehmeißel. Der Hauptschlitten muss sich auf der Linearführung gut und gleichmäßig bewegen.

Exkurs: Linearführung warten

Die Linearführung muss gut gewartet werden:

- Die Linearführung muss immer sauber und gut geölt sein.
- Die Linearführung muss gerade sein. Bei einer ungeraden Linearführung wird auch der Hauptschlitten ungerade geführt.
- Die Linearführung darf nicht rosten. Rost lässt Material verschwinden. Dadurch wird die Linearführung ungenau.
- Die Linearführung darf nicht mit Schleifstoffen in Kontakt kommen. Schleifstoffe schleifen Material weg. Bei Schleifarbeiten und Polierarbeiten muss das Maschinenbett abgedeckt werden.

5.1.2 Hauptschlitten

Der **Hauptschlitten** (Bild 16, Seite 101, Position 10) bewegt sich auf der Linearführung auf dem Maschinenbett. Der Hauptschlitten bewegt sich also parallel zur Drehachse und erzeugt einen Vorschub parallel zur Drehachse.

Der Hauptschlitten dient meist zum **Längsdrehen**. Beim Längsdrehen werden mit dem Vorschub meist Zylinder, Hohlzylinder oder Gewinde gedreht. Es können auch Stufen oder Fasen gedreht werden.
Nicht gerade Formen können auch gedreht werden. Dazu gibt es dann Drehwerkzeuge mit speziellen Formen. Das heißt Profildrehen.

Der Hauptschlitten kann von der **Zugspindel** (Bild 16, Seite 101, Position 12) angetrieben werden. Die Zugspindel wird im Betrieb mit einer Kupplung eingeschaltet und ausgeschaltet. Die Kupplung für die Zugspindel heißt **Fallschnecke**.
Auf der Linearführung sitzt meistens ein verstellbarer Anschlag. Ein Anschlag ist ein Bremsklotz. Der Anschlag kann die Fallschnecke ausschalten.

Der Hauptschlitten kann auch von der **Leitspindel** (Bild 16, Seite 101, Position 11) angetrieben werden. Der Vorschub durch die Leitspindel wird bei stehendem Antrieb mit der Schlossmutter geschaltet. Mit Leitspindel und Schlossmutter werden Gewinde gedreht.

Der Vorschub bei jeder Umdrehung kann passend für verschiedene Gewinde eingestellt werden. Die Leitspindel kann sehr genau eingestellte Vorschübe mehrmals genau gleich wiederholen.
Für ein Gewinde sind mehrere Schnitte nötig sind. Deshalb muss der Drehmeißel bei jedem Schnitt genau an der gleichen Stelle vom Gewinde sein. Der Vorschub wird dabei nur durch Stoppen von der Drehmaschine gestoppt. Beim Antrieb mit der Leitspindel besteht eine höhere Unfallgefahr als beim Antrieb mit der Zugspindel.

Der Hauptschlitten kann auch mit einer Handkurbel angetrieben werden. Mit einer Handkurbel werden kurze Bewegungen gefahren.

5.1.3 Querschlitten

Mit dem Querschlitten (Bild 16, Seite 101, Position 5) wird quer zur Drehachse gedreht. Der Querschlitten bewegt sich also im rechten Winkel zur Drehachse.

Der Querschlitten dient meist zum **Plandrehen**. Beim Plandrehen ensteht eine ebene Fläche quer zur Drehachse.

Der Querschlitten kann beim Plandrehen mit der Zugspindel angetrieben werden. Der Querschlitten kann beim Plandrehen auch mit der Handkurbel angetrieben werden.

Mit dem Querschlitten wird auch die Schnitttiefe für das Längsdrehen eingestellt. Es wird also die Zustellung für das Längsdrehen eingestellt. Für die Zustellung wird die Handkurbel benutzt.
Die Handkurbel bewegt eine Spindel. Die Spindel bewegt eine Spindelmutter. Die Spindelmutter hat immer etwas Spiel.[16] Durch das Spiel lässt sich die Spindelmutter ein wenig auf der Spindel nach vorne und hinten schieben. Das Spiel kann zu Ungenauigkeiten führen.

16 Ein zu großes Spiel lässt sich einstellen. Es ist aber nie ganz weg.

Eine genaue Zustellung sollte daher immer mit der gleichen Drehrichtung der Kurbel erfolgen.

5.1.4 Oberschlitten

Der **Oberschlitten** (Bild 16, Seite 101, Position 7) steht meistens in etwa parallel zur Drehachse. Der Oberschlitten steht aber nie so genau parallel zur Drehachse wie der Hauptschlitten. Der Oberschlitten kann auch in einen Winkel zur Drehachse verdreht werden.

Mit dem Oberschlitten wird meistens die Zustellung für das Plandrehen eingestellt.
Mit dem Oberschlitten wird auch oft entgratet.
Mit dem Oberschlitten können Kegel gedreht werden. Dazu muss er in einem Winkel zur Drehachse stehen.

Der Oberschlitten hat eine Handkurbel.

5.1.5 Werkzeughalter

Auf dem Oberschlitten ist der Werkzeughalter. Der Werkzeughalter muss zum Drehmeißel passen. Für kleine Drehmeißel braucht man manchmal Adapter.
Der Drehmeißel muss auf die Mitte vom Werkstück eingestellt werden können.

5.1.6 Schlosskasten

Der **Schlosskasten** liegt hinter der **Schlossplatte** (Bild 16, Seite 101, Position 6) und ist am Hauptschlitten befestigt. Der Schlosskasten wandelt die Drehung von der Zugspindel oder der Leitspindel in eine Bewegung vom Hauptschlitten oder vom Querschlitten um.
Für die Umwandlung sind im Schlosskasten Getriebe, die Fallschnecke und die Schlossmutter.

5.1.7 Spindelstock

Der Spindelstock (Bild 16, Seite 101, Position 3) ist die antreibende Baugruppe für das Werkstück. Der Spindelstock muss sehr genau zur Führung vom Hauptschlitten ausgerichtet sein.

Der Spindelstock enthält die Arbeitsspindel, die Lagerung von der Arbeitsspindel und Einstellmöglichkeiten für die Geschwindigkeiten.

Es gibt Drehmaschinen mit einen Drehstrommotor und einem Getriebe im Spindelstock.

Es gibt auch Drehmaschinen mit einem bürstenlosen Gleichstrommotor und elektronisch geregelter Geschwindigkeit. Die elektronische Regelung ermöglicht die stufenlose Einstellung von der Drehzahl. Die Drehzahl kann dann auch im laufenden Betrieb verändert werden.

5.1.8 Motor

Der Motor treibt die Arbeitsspindel an.

Drehstrommotoren treiben die Arbeitsspindel über ein schaltbares Getriebe an.

Elektronisch geregelte Motoren treiben die Arbeitsspindel meistens über Zahnriemen an.

In oder an beiden Motoren ist eine Bremse. Mit dieser Motorbremse kann die Arbeitsspindel gestoppt werden. Es ist sehr wichtig für die Sicherheit, dass die Motorbremse funktioniert.

5.1.9 Arbeitsspindel

Die **Arbeitsspindel** (Bild 16, Seite 101, Position 3) trägt und dreht das Spannfutter für die Werkstücke. Die Arbeitsspindel hat eine genormte Aufnahme für verschiedene Futter. Die Arbeitsspindel ist hohl, damit auch lange Werkstücke bearbeitet werden können.

5.1.10 Futter

Das Futter hält das Werkstück. Es gibt verschiedene Futter.

Dreibackenfutter
Das Dreibackenfutter (Bild 17) ist das häufigste Futter.

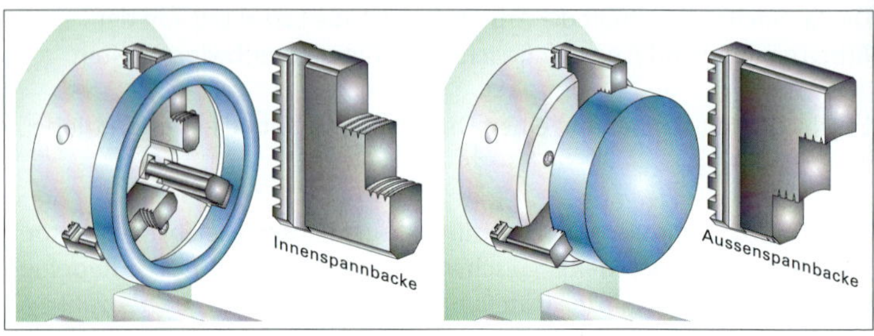

17: Dreibackenfutter

Das Dreibackenfutter ist meistens ein Spiralfutter. Bei einem Spiralfutter werden die Backen von einer Spirale auf einer drehbaren Fläche bewegt. Diese Spirale heißt **Planspirale**.

Die Planspirale ist sichtbar, wenn die Backen nicht im Futter sind. Die Planspirale kann an drei Stellen gedreht werden. Diese drei Stellen lassen sich mit einem Vierkantschlüssel drehen. Der Vierkantschüssel muss nach dem Drehen sofort wieder herausgenommen werden.

Die Planspirale und die Backen werden nicht geschmiert. Beim Schmieren von der Planspirale und den Backen würden Späne ankleben.
Die Backen werden von Nuten geführt. Die Backen lassen sich durch Drehen von der Spirale nach außen drehen, bis sie herausgenommen werden können.

Beim Einsetzen von den Backen ist ihre Reihenfolge wichtig. Die Backen sind deshalb mit einer 1, einer 2 und einer 3 markiert. Die Nuten für die Backen sind auch von 1 bis 3 markiert.

Es gibt verschiedene Backen, um Werkstücke von außen zu greifen.
Es gibt verschiedene Backen für verschiedene Durchmesser.
Die Backen sind dann richtig gewählt, wenn die Planspirale komplett unter den Backen verschwindet. Dann hat die Planspirale die Backen an mehreren Stellen gepackt.

Mit dem Dreibackenfutter lassen sich runde und sechseckige Werkstücke gut einspannen. Das Werkstück sollte mit mindestens einem Fünftel

(20 %) von seiner Länge eingespannt werden. Wenn das Werkstück kürzer eingespannt werden soll, muss es abgestützt werden.

Es gibt Backen, um hohle Werkstücke von innen zu halten.

Es gibt außerdem sogenannte weiche Backen. Weiche Backen sind nicht gehärtet und werden passend zum Werkstück ausgedreht. Weiche Backen sollten immer auf dem Futter verwendet werden, auf dem sie ausgedreht wurden. Dann lassen sich mit ihnen hohe Genauigkeiten erreichen.

Vierbackenfutter
Das Vierbackenfutter ist ein Futter für Werkstücke mit einem quadratischen Querschnitt.

Keilstangenfutter
Keilstangenfutter sind bei automatisierten Drehmaschinen üblich. Sie ermöglichen hohe Kräfte und sind leichter als andere Backen zu reinigen.

Planscheibe
Auf einer Planscheibe sind die Backen einzeln einstellbar.

Eine Planscheibe mit einem Werkstück hat immer eine schwerere und eine leichtere Seite. Der Schwerpunkt von der Planscheibe liegt also nicht in der Mitte. Ein Schwerpunkt außerhalb von der Mitte heißt Unwucht. Eine Planscheibe darf wegen der Unwucht nur mit geringen Drehzahlen verwendet werden.

Spannzangen
Spannzangen sind sehr genaue und schonende Aufnahmen. Spannzangen müssen passend zum Werkstückdurchmesser ausgesucht werden. Sie sind bei der Serienfertigung beliebt.

5.1.11 Reitstock

Der Reitstock (Bild 16, Seite 101, Position 8) ist genau gegenüber vom Futter.

Der Reitstock trägt Bohrer, Bohrfutter oder Zentrierspitzen. Der Reitstock hat also eine Aufnahme für Bohrer, Bohrfutter oder Zentrierspitzen.

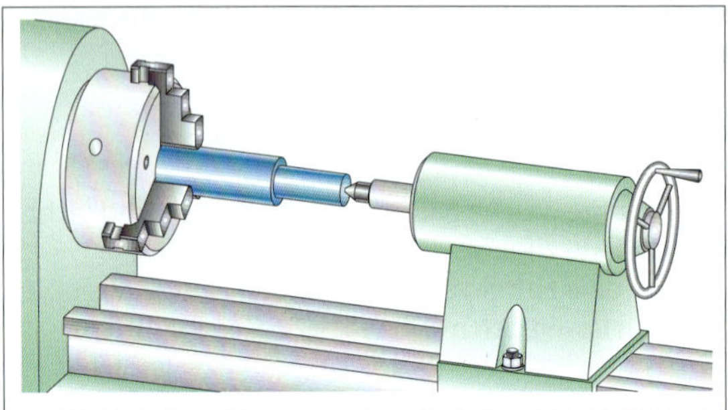

18: Spannen zwischen Dreibackenfutter und Reitstock

Die Aufnahme im Reitstock ist eine Morsekegelaufnahme. Die Aufnahme im Reitstock kann ausgefahren werden. Die Aufnahme im Reitstock befindet sich in einer sogenannten **Pinole**. Die Pinole wird mit einer Kurbel ausgefahren und hat eine Millimeterskala. Im Gegensatz zur Spindel in der Bohrmaschine dreht sich die Pinole nicht.

Der Reitstock kann an das Werkstück herangeschoben werden. Der Reitstock hat eine Klemme. Die Klemme verhindert, dass der Reitstock sich zurückschiebt. Die Klemme vom Reitstock wird meist mit einem langen Hebel festgezogen.
Die Werkstücke werden oft mit einer Zentrierspitze abgestützt. Damit die Zentrierspitzen sich nicht zurückschieben, hat die Pinole eine Klemme. Die Klemme für die Aufnahme hat meist einen kleinen Hebel.
Die Achse vom Reitstock ist normalerweise genau auf die Drehachse ausgerichtet. Das lässt sich leicht prüfen: Eine Zentrierspitze im Reitstock und eine abgedrehte Spitze an einem Werkstück sollten sich genau gegenüberstehen.

Wird der Reitstock etwas verschoben, kann konisch gedreht werden.[17] Konisch ist ein anderes Wort für kegelförmig. Diese spezielle Drehtechnik heißt „Drehen zwischen Spitzen".

17 Die Zentrierbohrung sollte dazu möglichst die Form R haben.

5.2 Werkzeuge für die Drehmaschine

5.2.1 Zentrierbohrer und Bohrer

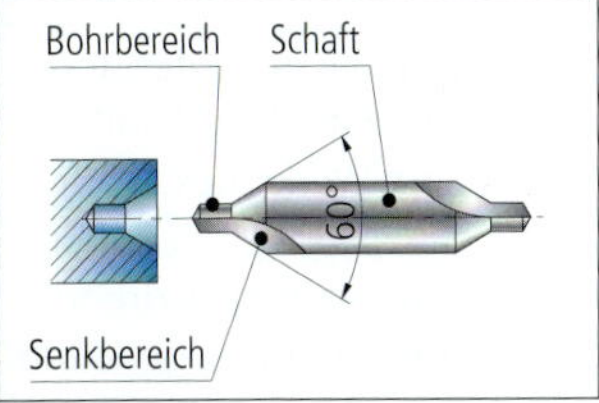

19: Zentrierbohrer

Statt einer Körnung ist auf Drehmaschinen eine Zentrierbohrung sinnvoll. Für Zentrierbohrungen gibt es Zentrierbohrer (Bild 19). Meistens wird ein Zentrierbohrer Form A verwendet.

Die Zentrierbohrung Form A hat eine Senkung von 60°. In der Senkung kann das Drehteil abgestützt werden.

Für das Zentrierbohren wird das Drehteil möglichst tief im Drehfutter eingespannt. Dann entsteht eine mittige Bohrung. Nach dem Zentrierbohren kann das Drehteil auf dieser Bohrung sicher gehalten und abgestützt werden.

5.2.2 Zentrierspitze

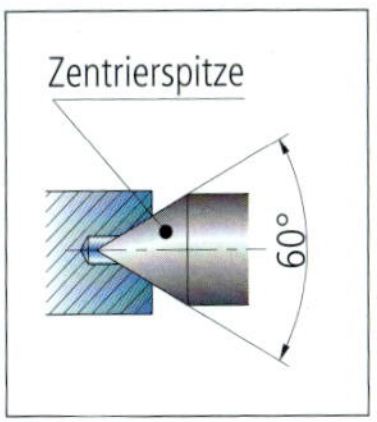

20: Zentrierspitze

Mit einer Zentrierspitze (Bild 20) kann das Drehteil sehr genau und sicher eingespannt werden. Die Zentrierspitze stützt das Drehteil in der Zentrierbohrung.

Ein altes Wort für Zentrierspitze ist Körnerspitze.

Es gibt mitlaufende und feststehende Zentrierspitzen.

Mitlaufende Zentrierspitzen sind drehbar gelagert. Bei mitlaufenden Zentrierspitzen entsteht keine Reibung zwischen Werkstück und Spitze. Mitlaufende Zentrierspitzen drehen sich also mit dem Werkstück.

Wenn sich mitlaufende Zentrierspitzen nicht mit dem Werkstück drehen, sind sie defekt oder liegen nicht an. Die Maschine muss dann angehalten werden und der Fehler gesucht werden.

Jedes drehbare Lager hat etwas Spiel und jede Drehung kann etwas unrund sein. Das sind mögliche Fehlerquellen.

Die drehbare Lagerung braucht etwas Platz und kann deshalb bei der Arbeit im Weg sein.

Feststehende Zentrierspitzen sind fest gelagert. Sie brauchen beim Drehen weniger Platz als mitlaufende Zentrierspitzen.

Feststehende Zentrierspitzen sind außer für das Drehen auch sehr gut für die Messung vom Rundlauf zwischen zwei Zentrierspitzen geeignet.[18] Feststehende Zentrierspitzen brauchen eine Schmierung zwischen Spitze und Werkstück.

5.2.3 Drehmeißel

Ein Drehmeißel (Bild 21 und Bild 22) braucht einen Schneidkeil. Der Schneidkeil ist meistens Teil von einer Schneidplatte.

Der Schneidkeil muss mit der Werkzeugaufnahme für Drehmeißel verbunden sein. Die Verbindung von Schneidplatte und Werkzeugaufnahme kann als Schneidplattenhalter bezeichnet werden.

---

18 Das Drehteil wird beim Messen vom Rundlauf von den Spitzen gehalten und nur mit der Hand gedreht. Das Futter soll sich nicht drehen. Mit einer Messuhr kann dann der Rundlauf geprüft werden.

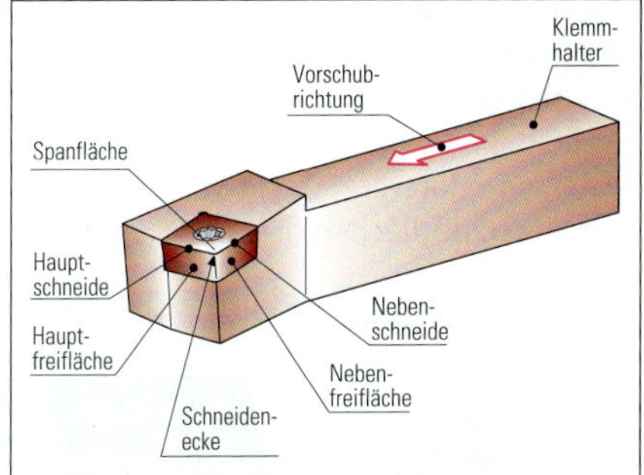

21: Bezeichnungen am Drehmeißel

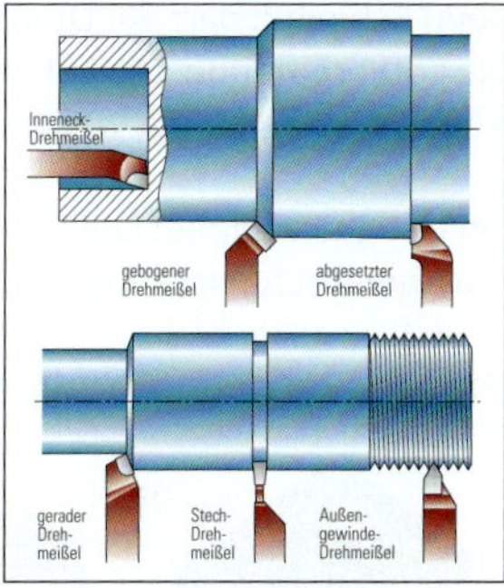

22: Unterschiedlich geformte Drehmeißel

Der Schneidplattenhalter muss ausreichend stabil sein und soll beim Schneiden nicht stören. Bei der Außenbearbeitung ist das meist kein Problem. Bei der Innenbearbeitung widersprechen sich oft der Wunsch nach Länge und der Wunsch nach Stabilität.

Die Schneidplatte kann fest auf den Schneidplattenhalter aufgelötet sein.

Die Schneidplatte kann auf dem Schneidplattenhalter auch gut wechselbar befestigt sein.

Drehmeißel mit aufgelöteter Schneidplatte

Drehmeißel mit aufgelöteter Schneidplatte haben einen Schneidplattenhalter aus Stahl und eine Schneidplatte aus Hartmetall.

Drehmeißel mit aufgelöteter Schneidplatte gibt es für verschiedene Werkstoffe.

Drehmeißel mit aufgelöteter Schneidplatte lassen sich in ihrer Form an verschiedene Aufgaben anpassen. Dazu werden sie geschliffen.
Für das Schleifen von Hartmetall sind Schleifscheiben mit Siliciumcarbid oder mit Diamant geeignet.
Schleifscheiben aus Diamant vertragen aber Eisenwerkstoffe schlecht. Schleifscheiben aus Diamant dürfen deshalb nur die Schneidplatte und nicht den Halter bearbeiten. Beim Schleifen vom Halter sollte also Siliciumcarbid verwendet werden.

Beim Schleifen darf der Drehmeißel nicht zu warm werden, sonst versagt die Lötverbindung. Die Lötverbindung kann auch durch plötzliches Abkühlen beschädigt werden. Hier hilft Geduld.

Ein gut geschliffener Drehmeißel mit aufgelöteter Hartmetallschneidplatte kann sehr gute Oberflächen drehen.

Drehmeißel mit wechselbaren Schneidplatten

23: Verschiedene Wendeschneidplatten

Für Drehmeißel mit wechselbaren Schneidplatten gibt es eine große Auswahl an **Wendeschneidplatten** (Bild 23).

Wendeschneidplatten haben mehrere nutzbare Schneidkanten. Wendeschneidplatten werden gewendet, wenn sie stumpf sind. Es werden alle Schneidkanten genutzt.
Wendeschneidplatten sind sehr genau gefertigt. Nach dem Wenden von einer Wendeschneidplatte kann oft mit den gleichen Einstellungen wie vorher weitergearbeitet werden.

Schneidplattenhalter für computergesteuerte Drehmaschinen (CNC-gesteuerte Drehmaschinen) haben eine Stufe. Die Schneidplattenhalter werden dadurch immer gleich eingespannt. Dadurch ist sehr genau bekannt, wo die Schneidkante ist.

Beim Drehen wird der Schnitt nicht unterbrochen. Beim Drehen können sehr lange Späne entstehen. Lange Späne können zu Unfällen führen. Wendeschneidplatten für das Drehen haben deshalb oft kompliziert aussehende Spanleitstufen. Spanleitstufen sind Erhöhungen und Vertiefungen auf der Spanfläche. Spanleitstufen helfen, kurze Späne zu formen und zu brechen.

Es gibt Wendeschneidplatten für grobe Arbeiten, also fürs Schruppen. Wendeschneidplatten für das Schruppen sind nicht für eine sehr gute Oberfläche gedacht. Die Späne dürfen deshalb auch gegen das Werkstück fliegen. Beim Schruppen ist wichtiger, dass die Späne gut brechen.

Es gibt auch Wendeschneidplatten für feine Arbeiten, also fürs Schlichten. Mit Wendeschneidplatten für das Schlichten wird auch die fertige Oberfläche gedreht. Wendeschneidplatten für das Schlichten sollen die Späne nicht gegen das Werkstück leiten.

Wendeschneidplatten haben in der Ecke einen Radius. Dieser Eckenradius muss passend zur den geforderten Übergängen in der Zeichnung ausgewählt werden. Der Eckenradius soll zu den geforderten Übergängen nach der Zeichnung passen. Der Eckenradius darf nicht größer sein, als die Innenkanten von Stufen sein dürfen.[19]
Wenn zum Beispiel ein Übergang von mindestens 0,2 mm und höchstens 0,4 mm gefordert ist, darf der Eckenradius oder die Fase 0,2 mm bis 0,4 mm sein.

Auf der Verpackung von den Schneidplatten steht ein Bezeichnungscode aus Buchstaben und Zahlen. Er lässt sich mit dem Tabellenbuch entschlüsseln. Auf der Verpackung stehen auch eine Mindestzustellung und eine Höchstzustellung. Die Verpackung von den Schneidplatten enthält also wichtige Informationen.

Es gibt außer Hartmetall noch weitere Schneidstoffe für spezielle Materialien (Exkurs Schneidstoffe, Seite 116 und 117).

Formdrehmeißel

Für Rundungen, Gewinde, Freistiche und andere spezielle Formen gibt es Formdrehmeißel und spezielle Schneidplatten. Formdrehmeißel können auch aus sogenannten Drehlingen geschliffen werden. Drehlinge sind Stäbe aus HSS (Exkurs Schneidstoffe, Seite 116 und 117).

19 Diese Angabe steht in der Zeichnung für das Werkstück.

5.3 Arbeiten mit der Drehmaschine

Seit hunderten Jahren werden Werkstücke gedrechselt. Beim **Drechseln** dreht sich ein Werkstück und wird mit einem Drechselmeißel bearbeitet. Der Drechselmeißel liegt auf einer Stütze auf und wird von Hand geführt. Mit dieser Methode können Holz, Stein und auch weiches Metall bearbeitet werden.

Beim **Drehen** dreht sich ein Werkstück und wird mit einem Drehmeißel bearbeitet. Der Drehmeißel wird mechanisch geführt.
Mit dieser Methode kann auch hartes Metall bearbeitet werden.
Drehen kann automatisiert werden.

Kräfte und Winkel beim Drehen

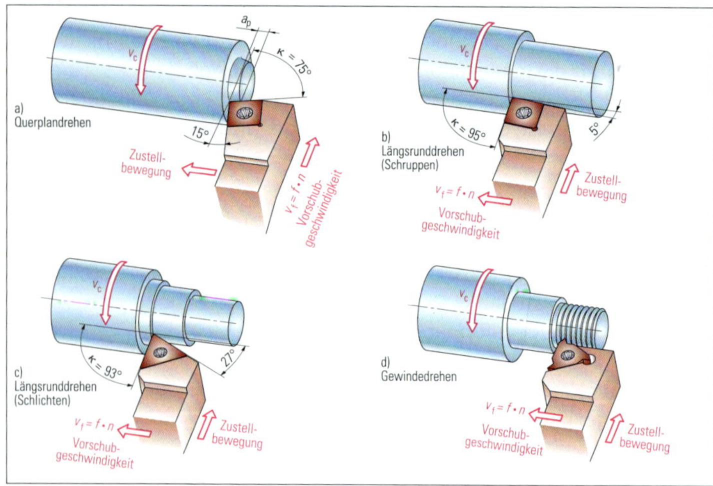

24: Winkel und Bewegungen beim Drehen

Die Richtungsangaben im folgenden Text gelten für eine normale, einfache Drehmaschine.

Die Drehachse ist horizontal, die Werkzeugaufnahme ist vor dem Werkstück. Die Drehmaschine dreht sich bei normalen Arbeiten gegen den Uhrzeigersinn.

Beim **Längsdrehen außen** (Bild 24b und c) entstehen verschiedene Kräfte. Die Schnittkraft wirkt hauptsächlich nach unten. Der Vorschub erfolgt fast immer in Richtung Drehfutter. Es entsteht eine Gegenkraft. Diese Gegenkraft dient nicht aktiv zum Schneiden. Es ist eine Passivkraft.

Der Winkel von der Schneidkante zur Drehachse heißt **Einstellwinkel**. Der Einstellwinkel hat als Symbol den griechischen Buchstaben Kappa (κ). Der Einstellwinkel wird zur Drehachse gemessen.

Wenn die Schneidkante im rechten Winkel zur Drehachse steht, ist $\kappa = 90°$. Die Passivkraft wirkt dann auf das Werkstück in Richtung der Backen. Bei einem Einstellwinkel $\kappa = 45°$ wirkt die Passivkraft in Richtung Backen und auch gegen die Drehachse. Bei diesem Einstellwinkel biegen sich dünne Werkstücke vom Drehmeißel weg. Eine Abstützung durch eine Zentrierspitze ist sinnvoll.

Bei einer runden Schneidkante wirkt die Passivkraft je nach Zustellung und Vorschub. Bei einer Schneidkante mit $\kappa = 90°$ und einer abgerundeten Ecke hängt die Passivkraft stark vom Eckenradius ab. Wenn zum Beispiel Probleme mit Durchbiegung von einem Drehteil zu erwarten sind, wird ein großer Einstellwinkel und ein kleiner Eckenradius verwendet. Wegen der Schnittkraft ist dann auch nur sehr wenig Vorschub möglich.

Beim **Plandrehen** mit dem Querschlitten wirkt die Passivkraft quer zur Drehachse.
Beim Plandrehen bewirkt eine diagonale Schneidkante eine Kraft gegen die Backen. Eine gegen die Backen gerichtete Kraft ist gut. Sie verhindert, dass das Werkstück aus dem Futter herausgedrückt wird.
Vor dem Plandrehen sollte immer nachgeschaut werden, ob in der Schnittrichtung überhaupt eine Schneidkante vorhanden ist.

Exkurs: Schneidstoffe

Schneidplatten bestehen aus Schneidstoffen. Verschiedene Schneidstoffe eignen sich für verschiedene Materialien.

Schnellarbeitsstahl (High Speed Steel, HSS)

HSS ist ein sehr fester Werkzeugstahl. HSS verträgt Temperaturen bis ca. 600 °C. HSS kann sehr scharf geschliffen werden.
HSS ist für die meisten Kunststoffe ohne Füllstoff sehr gut geeignet.
HSS ist für Aluminium geeignet. Kühlschmierstoffe verlängern die Standzeit deutlich.
HSS ist mit Kühlschmierung für Stahl geeignet. Der Stahl darf nicht zu hart sein.

Hartmetall (HM)

Hartmetall verträgt ungefähr 1000 °C.
Hartmetall kann sehr viel Druckkräfte aufnehmen. Hartmetall kann wenig Zugkräfte aufnehmen. Beim Zerspanen entstehen fast nur Druckkräfte. Zugkräfte entstehen, wenn Hartmetall ohne eine Schneidbewegung gegen das Werkstück gefahren wird. Dieses vorsichtige Berühren von Werkstück und Werkzeug heißt Ankratzen. Ankratzen ist nur bei laufender Schneidbewegung erlaubt.
Hartmetall ohne Beschichtung ist sehr gut für Aluminium geeignet. Auf eine Kühlschmierung kann meistens gut verzichtet werden.
Hartmetall ohne Beschichtung ist auch für das Schlichten von Stahl geeignet.
Hartmetall mit Beschichtung ist sehr gut für Stähle geeignet. Auf eine Kühlschmierung kann oft verzichtet werden.
Die häufigste Beschichtung ist Titannitrid[20] (TiN). Die Beschichtung ist goldgelb und damit gut zu erkennen.

Keramik

Keramikschneidplatten vertragen ungefähr 1200 °C.
Keramikschneidplatten haben immer einen negativen Spanwinkel. Sie erzeugen sehr hohe Passivkräfte.
Keramikschneidplatten sind für Spezialanwendungen geeignet.

---

20 Titannitrid verklebt stark mit Aluminium. Es ist als Beschichtung für Aluminium nicht geeignet.

Diamant
Diamant verträgt ca. 600 °C. Bei harten Stoffen ist eine Kühlung sinnvoll. Diamant schneidet hervorragend harte Kunststoffe und Aluminium. Mit Diamant können auch viele sehr harte Stoffe bearbeitet werden. Diamant reagiert chemisch mit Eisen. Diamant ist damit für Stahl ungeeignet.

Eine wichtige Eigenschaft von den Schneidstoffen ist die erreichbare **Standzeit**. Die Standzeit soll möglichst hoch sein. Es gibt zwei Definitionen für die Standzeit.

Die Standzeit ist die Zeit[21]
1. vom Schleifen vom Werkzeug bis zum nächsten Schliff.
2. vom Einsetzen von der Schneidplatte bis zum Wenden oder Wechseln von der Schneidplatte.

Die Standzeit hängt ab von:
- der Art vom Werkstoff
- dem Material von der Schneidplatte
- den Zerspanungsbedingungen

6 Fräsmaschine

Fräsen ist ein spanendes Fertigungsverfahren. Fräsen ist Zerspanen in seitlicher Richtung. Das Werkzeug beim Fräsen ist der **Fräser**.

Beim Fräsen gibt es drei wichtige **Bewegungsrichtungen**. Diese Bewegungsrichtungen heißen auch Achsen. Es gibt die x-Achse, die y-Achse und die z-Achse.
Die **x-Achse** zeigt nach rechts. Wenn sich das Werkstück nach rechts bewegt, werden die Zahlen auf der Positionsanzeige größer.
Die **y-Achse** geht von vorne nach hinten.
Die **z-Achse** entspricht der Richtung beim Bohren. Die z-Achse zeigt nach oben. Das heißt: Je tiefer die Bohrung ist, umso kleiner wird die z-Position. Deshalb werden beim Fräsen Bohrungen meistens in Minuszahlen angegeben.

21 Es gilt die Zeit, in der zerspant wird.

Es gibt verschiedene Fräsmaschinen. Die Funktionsweise von den verschiedenen Fräsmaschinen ist ähnlich.
Konventionelle Fräsmaschinen funktionieren mechanisch. Fräsmaschinen mit Computersteuerung heißen CNC-gesteuert.

Hier werden einfache Fräsmaschinen beschrieben.

6.1 Beschreibung

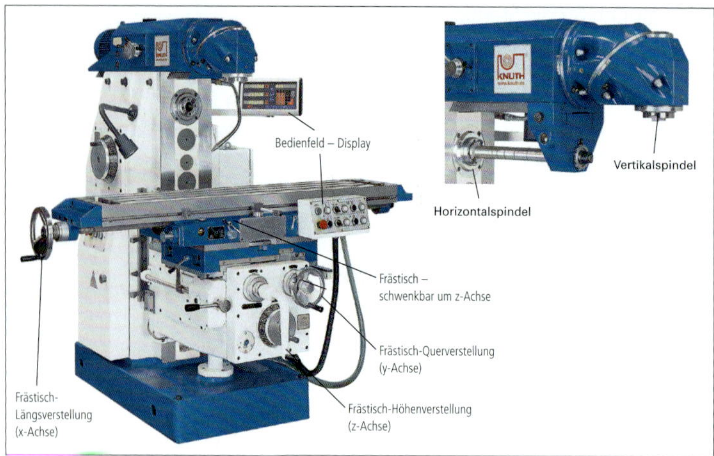

25: Universalfräsmaschine

Bei einer einfachen Fräsmaschine für die Werkstatt steht der Fräskopf senkrecht zum Frästisch.
Mit einer einfachen Fräsmaschine kann gebohrt und gefräst werden.

Es gibt auch Universalfräsmaschinen (Bild 25). Universalfräsmaschinen können zusätzlich zum senkrechten Fräskopf eine Horizontalspindel aufnehmen. Mit der Horizontalspindel können gut Nuten gefräst werden. Zum Fräsen von Nuten wird ein oder werden mehrere Scheibenfräser mit Abstandhaltern auf die Horizontalspindel gesteckt. Der Frästisch bewegt sich dann von rechts nach links oder umgekehrt. Der Frästisch bewegt sich also auf der x-Achse.

6.2 Arbeiten mit der Fräsmaschine

Eine Fräsmaschine hat mindestens zwei oder mehr Funktionen. Jede Fräsmaschine kann Fräsen und Bohren.
Zum **Bohren** kann ein Fräser oder ein Spiralbohrer genutzt werden.

Der Fräser hat im Gegensatz zum Spiralbohrer keine Spitze. Ein Fräser wird also nicht von einer Spitze im Bohrloch geführt. Der Fräser stabilisiert sich deshalb nicht selbst. Fräsmaschinen und die Befestigung vom Werkstück müssen also sehr stabil sein.

Ein Fräser kann nur bohren, wenn eine Schneide durch die Mitte von seiner Stirnseite geht. Der Fräser wird dann häufig als Bohrnutenfräser bezeichnet.

Vor Arbeiten an der Fräsmaschine wird nicht gekörnt. Auf der Fräsmaschine werden Bohrungen mit Spiralbohrer deshalb mit einem speziellen Anbohrer vorgebohrt. Mit dem Anbohrer kann oft schon vor dem Bohren gesenkt werden, das spart Zeit. Der Anbohrer kann auch hinterher als Senker verwendet werden. Üblich sind sogenannte NC-Anbohrer[22].

Im Vergleich zur Standbohrmaschine bietet die Fräsmaschine Vorteile. Beim Bohren mit der Fräsmaschine kann der Vorschub automatisch erfolgen. Beim Bohren mit der Fräsmaschine kann auch mit passenden Fräsern gebohrt werden.

Eine weitere Funktion von der Fräsmaschine ist das Zerspanen quer zur Drehachse vom Fräser. Das Zerspanen quer zur Drehachse vom Fräser oder in beliebigen Winkeln zur Drehachse ist Fräsen im technischen Sinn.

Beim **Fräsen** lassen sich genau gerade Flächen, Stufen oder Vertiefungen rechtwinklig zueinander herstellen.

Mit verstellbaren Frästischen, Schraubstöcken und Fräsköpfen können weitere Winkel präzise gefertigt werden. Zum genauen Fräsen müssen der Frästisch, der Schraubstock und der Fräskopf genau ausgerichtet werden.

22 NC heißt Numeric Control. Numeric Contol heißt rechnergesteuert. NC-Anbohrer sind für rechnergesteuerte Maschinen entwickelt worden und sehr beliebt.

Die Ausrichtung vom Frästisch und Schraubstock wird mit einer Messuhr geprüft. Die Ausrichtung vom Fräskopf kann gut an einer eingespannten geraden zylindrischen Stange geprüft werden. Der Schaft von einem NC-Anbohrer ist eine gerade zylindrische Stange.

6.3 Häufige Fräser

Bohrnutenfräser

26: Bohrnutenfräser

Bohrnutenfräser (Bild 26) zählen zu den Schaftfräsern. Schaftfräser sind vereinfacht gesagt runde Stangen mit Schneiden.

Bohrnutenfräser können auch Bohren. Damit der Nutenfräser bohren kann, geht eine Schneide über die Mitte von der Stirnseite.

Eine Bohrung mit einem Nutenfräser ist unten flach. Eine Bohrung mit dem Nutenfräser ist also zylindrisch.

Bohrnutenfräser können meistens bis zum doppelten Durchmesser tief arbeiten. Ein Fräser mit 10 mm Durchmesser kann also meistens 20 mm tief arbeiten.
Es gibt Bohrnutenfräser aus Schnellarbeitsstahl und aus Hartmetall.

Walzenstirnfräser

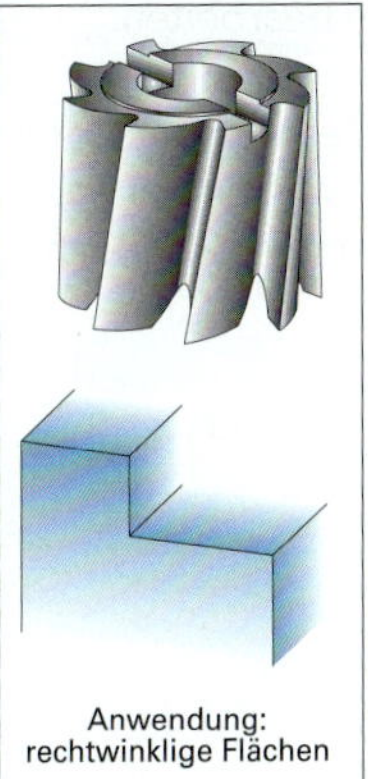

27: Walzenstirnfräser

Walzenstirnfräser (Bild 27) arbeiten vorne (stirnseitig) und seitlich (walzend).
Walzenstirnfräser werden oft für das Fräsen von Stufen verwendet.
Mit ihnen werden auch Flächen bearbeitet.
Sie sind meistens aus Schnellarbeitsstahl (Exkurs Schneidstoffe, Seite 116 und 117).

Messerkopf

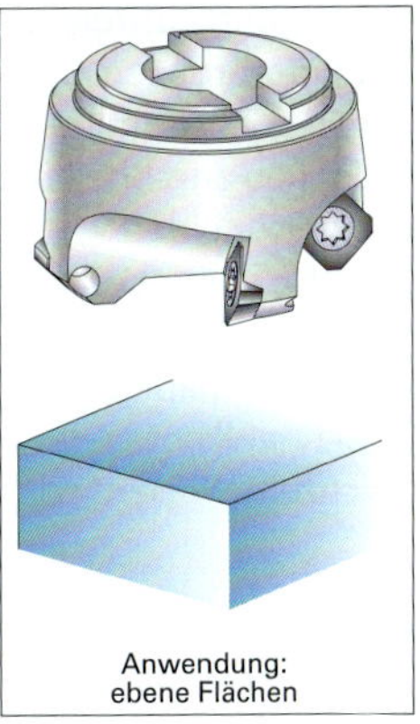

28: Messerkopf

Der Messerkopf (Bild 28) kann sehr gut Flächen bearbeiten. Mit passenden Schneidplatten kann er auch kleinere Stufen bearbeiten.

Der Messerkopf ist oft ein Ersatz für Walzenstirnfräser. Der Messerkopf ist in der Anschaffung teurer als der Walzenstirnfräser. Der Messerkopf hat aber Wendeschneidplatten und ist dadurch auf Dauer oft wirtschaftlicher.

Gravierstichel
Gravierstichel sind vorne ganz spitz. Der Winkel ist meistens 60°.
Mit dem Gravierstichel werden oft feine Linien gefräst.

Kreissägeblatt
Kreissägeblätter fräsen Nuten und Schlitze.

Fräser für Fasen
Das Entgraten erfolgt meistens mit speziellen 45°-Fräsern oder für feine Fasen mit dem Anbohrer.

Werkstatthinweis

Die Spindel vom Fräser verlängert sich beim Erwärmen. Dadurch kann sich die Frästiefe verändern.[23]
Beim Fräsen gibt es hohe Schnittkräfte. Lange dünne Fräser biegen sich deshalb etwas beim Fräsen. Ein stumpfer Fräser drückt sich dabei stärker weg. Dadurch können Abweichungen bei der Serienfertigung auftreten.
Beim Fräsen entsteht ein unterbrochener Schnitt. Der unterbrochene Schnitt entsteht, weil die Schneidkanten vom Fräser mit jeder Drehung neu in den Werkstoff eintauchen und ihn immer wieder neu anschneiden. Beim Anschneiden entstehen hohe Kräfte. Nach dem Anschneiden entstehen geringere Kräfte. Durch die wechselnden Kräfte kommt es zu starken Vibrationen, das führt zum Rattern.
Das Rattern kann vermindert werden, wenn die Kräfte gleichmäßiger wirken. Die Kräfte wirken gleichmäßiger, wenn mehr Schneidkanten gleichzeitig fräsen. Eine andere Bezeichnung für „gleichzeitig fräsen" ist „gleichzeitig im Eingriff sein".

---

23 Beispiel: Eine Fräsmaschine hat eine 500 mm lange Spindel. Die Spindel ist bei Beginn der Arbeit 18 °C warm. Durch Reibung erwärmt sie sich auf 48 °C. Dadurch wird sie ca. 0,18 mm länger. (Rechnung: 500 mm · 30 K · 0,000012/K = 0,18 mm).

Ein Messerkopf oder ein Stirnfräser, der von oben eine Fläche bearbeitet, soll möglichst ungefähr 1,5-mal so breit wie die Fläche sein. Es sind dann mehrere Schneiden im Eingriff. Der Span fängt so nicht zu dünn an und endet nicht zu dünn.
Nach dem Fräsen kann sich das Werkstück verformen. Das Werkstück verformt sich, wenn sein Material innere Spannungen hat.
Das Verformen kann manchmal durch grobes Vorarbeiten, Ausspannen und Schlichten verringert werden.
Auch durch falsches Einspannen kann sich das Werkstück verformen. Das kann durch richtiges Einspannen vom Werkstück im Schraubstock verhindert werden. Die Kraft am Schraubstock kann passend voreingestellt werden.

7 Schmiermittel

Reibung

Zwischen sich berührenden Flächen wirkt eine Kraft. Diese Kraft heißt **Reibung**. Reibung ist eine Bremskraft. Reibung bremst Bewegungen zwischen Flächen. Wir unterscheiden Haftreibung und Gleitreibung.

Haftreibung ist die Reibung zwischen zwei sich nicht zueinander bewegenden Flächen. Die Haftreibung verhindert die Bewegung von den Flächen. Sie muss zum Bewegen von den Flächen überwunden werden. Nach Überwindung von der Haftreibung wirkt die Gleitreibung.

Gleitreibung ist die Reibung zwischen zwei Flächen, die sich in verschiedene Richtungen bewegen. Die Gleitreibung behindert das Verschieben der Flächen gegeneinander. Gleitreibung ist immer kleiner als Haftreibung.

Reibung bremst aber nicht nur Bewegungen:
Durch Reibung entsteht Wärme.
Durch Reibung starten oft auch chemische Reaktionen.
Durch Reibung werden Oberflächen abgerieben und verschleißen.
Durch den Verschleiß stimmen irgendwann die Maße nicht mehr.

Schmiermittel können Reibung und ihre Folgen verringern.
Schmiermittel sollen:

- Reibung verringern
- Reibungswärme abführen
- Flächen vor chemischen Reaktionen schützen[24]
- Abrieb oder Schmutz entfernen
- möglichst umweltfreundlich sein
- möglichst unschädlich für die Gesundheit sein
- die Maschinen nicht beschädigen
- lange haltbar sein
- zur Temperatur an der Schmierstelle passen

Schmiermittel sollen also sehr verschiedene Anforderungen erfüllen. Das erklärt, warum es viele verschiedene Schmiermittel gibt.

Rohstoffe von Schmiermitteln

Erdöl (Mineralöl)

Die meisten Schmiermittel werden aus Erdöl hergestellt. Erdöl enthält viele störende Stoffe und ungesunde Bestandteile. Einige Bestandteile haben Doppelbindungen. Doppelbindungen können durch Licht aufbrechen und zum Beispiel mit Sauerstoff reagieren. Dann wird das Schmiermittel klebrig und fest. Es verharzt.

Weißöl

Weißöl ist gereinigtes und chemisch bearbeitetes Erdöl. Sehr reines Weißöl hat keine Doppelbindungen. Es verharzt nicht.
Weißöl ist ungiftig und auf der Haut unschädlich. Es ist Bestandteil von vielen hochwertigen Schmierstoffen. Weißöl ist häufig Schmiermittel in Maschinen für die Herstellung von Lebensmitteln. Weißöl lässt sich leicht von Metallflächen wegwischen.

Rizinusöl (Castor Oil)

Rizinusöl ist ein pflanzliches Öl. Es ist ein Rohstoff für Motoröle im Motorsport.

---

24 Schmiermittel zwischen den Flächen verhindert Reaktionen zwischen den Flächen. Viele Schmiermittel schützen die Flächen vor Luft und Wasser. Manche Schmiermittel enthalten chemische Korrosionsschutzmittel (Rostschutz).

Rizinusöl haftet gut auf Metalloberflächen und auch auf den dünnen Oxidschichten auf den meisten Metalloberflächen.

Rapsöl
Rapsöl ist ein kostengünstiges pflanzliches Öl. Es wird oft für Kühlschmiermittel verwendet. Rapsöl ist biologisch gut abbaubar.

Metallseifen
Metallseifen sind Bestandteil von Schmierfett. Die häufigste Metallseife ist die Lithiumseife. Metallseifen sind fest.

Schmiermittel

Schmierfett
Schmierfett haftet gut auf Metallflächen und auch Kunststoffflächen. Schmierfette müssen oft lange haltbar sein und enthalten häufig Korrosionsschutz und Alterungsschutz. Für die Herstellung von Schmierfett wird ein Schmieröl mit einer Metallseife eingedickt.

Getriebeöl
Getriebeöl muss im Getriebe lange hohe mechanische Belastungen aushalten und wird immer wieder verteilt. Getriebeöl braucht nicht gut zu haften. Es kann gut aus Erdöl hergestellt werden.

Gleitbahnöl
Gleitbahnöl wird täglich neu auf die Gleitbahn aufgebracht und braucht nicht sehr haltbar sein. Es kommt bei der Arbeit oft an die Hände und sollte nicht gesundheitsschädlich sein. Da die Maschine zwischendurch kurz steht, sind Zusätze zum Verschleißschutz gut. Für Gleitbahnöl ist Weißöl mit Verschleißschutz gut geeignet.

Schneidöl
Schneidöl wird nur kurz bei zerspanenden Prozessen angewendet. Es muss nicht lange haltbar sein. Schneidöl muss gut haften und viel Druck aushalten. Eine gute Haftung wird durch etwas polare Öle erreicht. Pflanzliche Öle sind etwas polar.

Kühlschmiermittel/Kühlschmierstoff

Kühlschmierstoffe werden KSS abgekürzt. Sie enthalten Öl und Wasser. KSS basieren häufig auf Rapsöl, enthalten aber Konservierungsmittel und sind schwerer als Rapsöl abbaubar.
KSS haben verschiedene Aufgaben. KSS sollen:

- Werkzeug und Werkstück kühlen
- Reibung verringern
- Späne abtransportieren
- Korrosion verhindern
- haltbar und möglichst biologisch abbaubar sein

Festschmierstoffe

Grafit

Grafit ist eine Form von Kohlenstoff. Grafit ist ungiftig und auch in der Lebensmittelproduktion kein Problem. Grafit ist bei geregelter und ungeregelter Entsorgung[25] unproblematisch.

Molybdänsulfid (MoS2)

Molybdänsulfid ist in geringen Mengen ungiftig und verträgt sehr hohe Temperaturen. Molybdänsulfid ist bei geregelter und in geringen Mengen bei ungeregelter Entsorgung[25] unproblematisch.

Polytetrafluorethylen (PTFE)

Festes PTFE ist ungiftig. PTFE sollte aber nicht in die Lunge gelangen. Es gibt auch PTFE-Spray. PTFE-Spray ist gesundheitlich sehr schwer einzuschätzen, es besteht zumindest ein Risiko für die Gesundheit. Wenn PTFE zu heiß wird, entstehen giftige Dämpfe. PTFE baut sich biologisch nicht ab. Die Entsorgung von PTFE ist deshalb problematisch. Ein Markenname für PTFE ist Teflon.

Umwelt

Schmiermittel müssen fachgerecht entsorgt werden und gehören nicht in den Restmüll. Verschüttetes Schmiermittel muss zum Beispiel mit Ölbindemittel aufgenommen und entsorgt werden.

---

25 Geregelte Entsorgung: Müllverbrennung, moderne Deponie; ungeregelte Entsorgung: z. B. Verbrennen in der Feuertonne, Schutthaufen

Stichwortverzeichnis